Mikhail V. Rogozin, Gennadiy S. Razin

**DEVELOPMENT OF FOREST STANDS.
MODELS, LAWS, HYPOTHESES**

Lulu Press, Inc.
Raleigh, North Carolina, USA
2015

UDC 582.47: 630*232.1: 630*165: 630*5 (470.53)
R 71

Ed. by Mikhail V. Rogozin

R 71   Rogozin M. V., Razin G. S.
        DEVELOPMENT OF FOREST STANDS. MODELS, LAWS,
        HYPOTHESES. Raleigh, North Carolina, USA: Lulu Press, 2015.
        196 p.

                                        ISBN 978-1-326-35080-2

Development and management of forest stands is examined through a model of growth. We will discuss the types of ontogeny, biogroups, biorhythms, right and left forms of conifers, heredity, forest selection for rapid growth, "memory" of the descendants of the competition, which was prepared by their parents, biological constants, geo-active zones. For indicators of canopy, forest growth and productivity found periods of increase, the maximum and fall depending on the initial density cenosis. It proposes a law of development of forest stands with allocation of phases of progress and regress. On the basis of this law, we are reviewing provisions for forestry and we give 19 new models of spruce stands. n these models, we found a constant, which   I.S. Marchenko proposed. This constant represents the total volume of the crown of the trees and it is constant at the age of 45-110 years in the rarest of the initial density of the models. Given by a universal formula for determining the density of forest stands and model by forest selection of conifers for growing forests on special plantations of fast growth. Used 349 test areas taxation, including 57 re-observations and testing of families free pollination from 1435 trees of pine and spruce, at the age of 3–21 years of their offspring. The book is intended for biologists and silviculturists.

Keywords: tree stand models, the course of growth, development, management, thinning, population dissymmetry, plus-trees, progeny, geographical culture, biorhythms, biological field, geo-active zones

(RUS)

ISBN 978-1-326-35080-2

ОГЛАВЛЕНИЕ

5. НОВЫЕ ФАКТОРЫ В РАЗВИТИИ ДРЕВОСТОЕВ

6.СЕЛЕКЦИОННО-ГЕНЕТИЧЕСКИЕ ФАКТОРЫ

ВЕДЕНИЕ

В нашей работе рассматриваются простые одноярусные древостои. Их модели будут рассмотрены концептуально и в основном без технических подробностей. При написании книги мы попытались объяснить их развитие моделями в которых число факторов меняется в зависимости от целей моделирования. В лесной таксации и в ее версии моделей (в таблицах хода роста) термин «развитие» не используют и применяют слово «динамика». Последний термин обозначает просто «движение» насаждений во времени, с набором их статичных состояний по классам возраста.

Модель управления древостоем на практике применяется в виде набора операций. Для их реализации управленческие решения собираются в некий каркас, схему, дорожную карту, правила, рекомендации. Их основой являются логические модели, и часто их интерпретируют в виде череды событий, вытекающих одно из другого. На практике эти модели предстают в упрощенном, а часто и в искаженном виде, и причиной оказывается экономическая мотивация.

Модели древостоев можно разделить на математические (статистические) и логические. Первых насчитываются сотни, тогда как вторых всего несколько – это общие законы и закономерности, описывающие развитие древостоя. С некоторой долей условности можно считать, что таксация имеет дело с первыми, а лесоведение – со вторыми моделями. Логические модели объединяются в теорию, где каждый этап развития ценоза находит свое отражение. Но если теории развития нет, либо она неадекватна, то лесовод выстраивает свое мировоззрение, свою «модель выращивания леса» на основе уже личных наблюдений и опыта, и они становятся устойчивыми моделями его личного поведения, как специалиста.

Сейчас менее 3% лесов в Европейской части России считаются нетронутыми; остальные пройдены рубками по два-три раза. Структура их упрощена, и таких лесов все больше. Кроме того, на месте старых пашен появились молодняки, близкие по структуре к культурам. Их можно превратить в очень выгодный проект – в «лесные фермы» по выращиванию плантаций леса с запасами в 2 раза выше, чем естественные, рубкой в 50-60 лет и 50-100-кратной окупаемостью вложений. Однако для этого нужны привлекательные условия и длительная аренда, может быть, концессия территорий и добрая воля государства.

Научно обоснованное управление лесами, в конечном счете, должно базироваться на знании общей «теории развития леса», которой у лесных специалистов пока нет. Множество старых и новых правил, рекомендаций и методов выращивания леса такого мировоззрения не создают и возвращают нас к идее Г.Ф. Морозова о лесоводственных устоях, о том, что задача лесовода состоит в том, чтобы *законы жизни леса* превратить *в принципы* хозяйственной деятельности.

Как же с этими принципами обстоят дела?

Сейчас каждый регион России считает себя вправе иметь ВУЗ, где дают лесное образование, и число учебников растет. В них, как теоретическая основа, используются классы Крафта, предложенные еще в 19 веке. Но почему-то развивающий эту основу «ранговый закон роста деревьев» Е.Л. Маслакова (1984), , а также другие важнейшие закономерности (Разин, 1977, 1979; Кузьмичев, 1979, 1980), спустя 30 лет так и не вошли в учебники.

Существует множество сведений о развитии лесных экосистем по регионам, типам леса, породам и т. д.

Однако нет общей модели развития даже простых древостоев. Академическая наука пытается разрабатывать модели, представляющие собой конструкции из сведений, поддающихся формализации. Знакомство с некоторыми проектами таких моделей обнаружило в них ряд упущений. Например, не выяснены факторы, по которым до половины деревьев в древостое устойчиво растут в биогруппах, в то время как в лесоводстве рекомендуется их разреживать. Не определены точные сроки и понятия «прогресс» и «регресс» в развитии насаждений, без чего нельзя рассчитать нагрузку рубками ухода на древостой – сильную в период прогресса и слабую в фазе регресса.

Пока мы имеем, вообще говоря, не модели и входные параметры для них, а множество частных рекомендаций (что-то похожее на логические модели). Но дело даже не в классификации моделей, а в проверке их практикой. Например, оказалось, что идея классического лесоводства о снижении конкуренции и густоты в среднем возрасте насаждений рубками ухода с целью усиления их прироста, которая позиционировалась как постулат, длительной практикой не подтвердилась. Более того, такие рубки разрушают структуру древостоев и не повышают их производительность (Сеннов, 1984, 2005).

Мы критически проанализировали результаты исследований ряда авторов по изучению и моделированию хода роста, структуры и динамики статичных состояний древостоев. Рассмотрены крупные работы Е.Л. Маслакова (1984), С.Н. Сеннова (1984, 2005), В.В. Кузьмичева (1977, 1980), Г.Б. Кофмана (1986), И.С. Марченко (1995), З.Я. Нагимова (2000), Л.М. Биткова (2009). Мы осмелились прокомментировать результаты этих исследований со своей точки зрения. Отчасти это обусловлено тем, что при анализе некоторых работ мы обнаружили весьма странное явление, которое можно определить как незнание результатов исследований смежных наук, несмотря на солидный список процитированных источников.

В книге использованы 50-летние исследования авторов на 349 пробных площадях таксации, в том числе 57 повторного наблюдения, а также 3-21-летних испытаний потомства 1435 деревьев ели и сосны (из них 483 плюсовые). Г.С. Разиным написаны главы 2 и 3, частично главы 1 и 4. М.В. Рогозиным написаны все остальные разделы.

Авторы признательны к.с.-х. наук А.М. Голикову за сотрудничество и идею изопопуляций. Эта концепция объясняет конкуренцию и развитие древостоев с совершенно неожиданной стороны, и мы благодарны Анатолию Матвеевичу за согласие опубликовать некоторые его материалы.

Авторы также выражают благодарность А.И. Видякину (г. Киров), А.М. Данченко (г. Томск), В.А. Драгавцеву (г. Санкт-Петербург), З.Я. Нагимову, Г. Г. Терехову, Н.Н. Чернову (г. Екатеринбург), Ю.Н. Исакову, А.М. Шутяеву (г. Воронеж), Н.Г. Ильминских (г. Тобольск), С.И. Марченко (г. Брянск), М.Д. Мерзленко (г. Москва), В.В. Тараканову (г. Новосибирск), А.И. Соколову, А.П. Цареву (г. Петрозаводск), А.Л. Федоркову (г. Сыктывкар), З. Х. Шигапову (г. Уфа) А.А. Онучину, В.А. Соколову, И.М. Данилину (г. Красноярск) за понимание и поддержку нашего стремления критически осмыслить и интегрировать исследования самых разных закономерностей в развитии древостоев.

1. КОНЦЕПТУАЛЬНЫЕ МОДЕЛИ РОСТА ДРЕВОСТОЕВ

1.1. Появление леса и законы роста деревьев

На незанятых лесом территориях леса стихийно возникают с разной начальной густотой. Различия даже в одинаковых условиях, например, на гари или на старой пашне бывают просто огромны – всего от нескольких сотен и до десятков тысяч растений на 1 га. К спелости, деревьев остается не более 500-700 шт./га, со средним расстоянием между ними 4-5 м. Тысячи деревьев погибают. Девственные леса не стареют и не молодеют; это мозаика из куртин подроста, деревьев среднего возраста и спелого леса. Таким лесам человек не нужен (рис. 1.1).

Рис. 1.1 – Девственные леса. Это куртины подроста, деревья среднего и старого возраста

Проблемы начинаются в результате их трансформации после рубок, пожаров, сведения лесов и вновь их появления на старых пашнях, сенокосах и пастбищах. Структура их упрощена, текущая густота бывает очень высокой, и они нуждаются в разреживаниях с самого раннего возраста (рис. 1.2).

Рис. 1.2 – Древостой березы на пашне. Уже в 15-20 лет он проходит максимум сомкнутости, его прирост падает и развитие ценоза переходит в стадию регресса

Объяснить изреживание одновозрастных древостоев можно следующим образом. На единице площади помещается некоторое ограниченное количество фотосинтезирующего аппарата (листьев, хвои, мелких веточек), образующих полог древостоя. Полог достигает максимума своего объема в среднем где-то в 30-50 лет, какое-то время сохраняет его, далее его объем к возрасту спелости несколько снижается. Деревья растут, и полог движется вверх, оставляя внизу на стволах отмирающие яруса ветвей. Ослабленные деревья также отмирают.

По объему кроны немецкий лесовод Крафт еще в конце 19 века предложил разделить живые деревья на 5 классов, которые так и называют во всех учебниках лесоводства – «классы Крафта»:

1 – наиболее развитые (доминанты), примерно 10%;

2 – хорошо развитые (субдоминанты), около 30%;

3 – средние (крона сдавлена с боков, но вершина свободна), 30–40 %;

4 – угнетенные (крона до высоты ½ полога), 10–20%;

5 – заглушенные (крона под пологом), 10–15%.

Объем кроны – это багаж, с которым дерево движется в будущее. Чем больше объем кроны – тем успешнее будущий рост дерева. Распознать классы Крафта можно уже в возрасте около 10 лет по размерам растения – высоте и диаметру стволика и объему его кроны.

В возрасте около 10 лет формируется *ранговая структура* древостоя и начинает функционировать **ранговый закон роста деревьев в древостое** (Маслаков, 1984), в соответствии с которым деревья растут, просто увеличивая свои размеры, оставаясь в основном либо крупными, либо мелкими; средние растения меняют свои ранги как вверх, так и вниз. Так, в групповых посадках сосны связь между площадями сечения деревьев в 10 и 40 лет составляет 0.88, а в 15 и 40 лет связь оказывается почти функциональной с корреляционным отношением, равным 0,99 (Маслаков, 1984, с. 97).

Отбор лучших растений практикуется давно, однако в ценозах растения десятилетиями испытывают конкурентное давление соседей. Давление меняется с возрастом, меняется и реакция растения на него, однако во многих исследованиях конкурентную историю выбранной модели не учитывают. При этом, изучая срубленные модели, исследователи выделяют различные типы роста деревьев, например: медленный в раннем возрасте, затем усиленный; средний, затем медленный и вновь средний; средний, затем устойчиво усиленный и т.д.

В самых первых исследованиях по ранней диагностике роста у сосны (Эйтинген, 1934) в молодняках на сотнях моделей были обнаружены настолько разные линии роста по высоте, что даже самые слабые модели оказывались в числе лидеров по своему приросту спустя 10–20 лет. Это импонировало социальным ожиданиям и идеологии 1920–1930-х гг., когда управление государством осваивали представители рабоче-крестьянского происхождения. Действительно, прирост изменяется в широких пределах. Однако по данным Г.Р. Эйтингена невозможно было рассчитать, как часто происходит такая резкая смена рангов. Казалось бы, надежность раннего отбора определяется просто: модели разделяют на 2 ранга по показателям размеров в раннем возрасте – на крупные и мелкие и затем фиксируют, какой процент из них сохранили свой ранг. Можно разделить их и на большее число рангов, но ответ должен быть о сохранении ранговой структуры. Если бы по данным из работ Г. Р. Эйтингена такое разделение можно было сделать (сам он этого не сделал), то еще 80 лет назад мы имели бы ясный ответ на вопрос о надежности ранних оценок роста.

В обзоре работ по ранней диагностике в лесной селекции (Шеверножук, 1980) констатируется, что ряд исследователей в Западной Европе пришли к выводу о том, что медленнорастущие в молодости потомства (т. е. группы растений, а не отдельные особи) в дальнейшем, самое позднее через 28 лет, перегоняли быстрорастущие.

Медленнорастущие происхождения сосны в географических культурах с возрастом не ослабляют, а напротив, усиливают рост по высоте (Молотков и др., 1982). В связи с проблематичностью раннего отбора продуктивных растений по прямым признакам роста предлагалось находить методы диагностики роста по косвенным скоррелированным признакам (Шеверножук, 1980). Однако надежды на них часто не оправдываются, так как многие косвенные признаки являются простым следствием интенсивного роста (Мамаев, 1972).

Изучение динамики роста по высоте у 365 модельных деревьев сосны в Поволжье показало (Котов и др. 1977), что наиболее стабилен рост высоких и низких деревьев и от 10 до 80 лет сохранили темпы роста 46% высоких и 42% низких моделей. У средних моделей стабильность роста наблюдалась с 20 лет и лишь у 35% деревьев. При этом 54% деревьев сохранили первоначальную (в 10 лет) оценку скорости роста. Исходя из этих данных можно полагать, что прогноз высоты у сосны для спелого возраста по высоте в 10 лет оправдается примерно на 50-60%.

Ранговый закон роста деревьев Е.Л.Маслакова подтвердили также исследования в культурах сосны в Республике Коми (Паутов, 1984). В культурах этот закон проявляется сильнее: в естественных молодняках только 30% деревьев сохранили свои ранги по высоте, тогда как в культурах их было уже 57% (Куншуаков, 1983).

В первые годы на рост растений влияют экология и эффекты материнского дерева, например, масса семени (Рогозин, 2013); наблюдается интенсивная смена рангов высот (Маслаков, 1984). Но в 10-15 лет начинается период максимального роста и целесообразно начинать оценки роста именно в это время (Мордась и др., 1998; Демиденко, Тараканов, 2008; Ефимов и др., 2010). Рост деревьев непостоянен, в особенности у деревьев средних размеров (Дворецкий, 1966; Комин, 1970). Это учитывают при реконструкции роста древостоев по «верхней высоте», по моделям 85 ранга и выше (Свалов, 1979).

Ранние оценки имеют вероятностный характер и для снижения неопределенности их рекомендуется проводить в возрасте не менее 2/3 возраста рубки (Основные …, 1994; Указания…, 2000). Предприняты попытки снизить их возраст. Так, исследования географических культур показали, что для сохранения лучших в 30 лет происхождений (19%) в 10 лет надлежало сохранить 15 из 37 климатипов (Ефимов и др., 2010).

Тем не менее, зная и используя в управлении развитием древостоев ранговый закон роста Е.Л.Маслакова, можно уже в самом раннем возрасте оставить в насаждении только деревья-лидеры (с небольшим запасом), удалив остальные. Из них вырастет могучий и жизнестойкий лес с крупными деревьями и запасами в 2–3 раза большими, чем обычные естественные леса. При этом их старение отодвинется на десятки лет. Однако не все так просто – лес выращивают десятки лет и при ранних разреживаниях свободные места будут заняты второстепенными лиственными породами, которые растут быстрее хвойных в это время. Поэтому при выращивании «запас» стволиков оставляют иногда излишне большим.

1.2. Развитие деревьев в условиях конкуренции

Под развитием в данной работе мы понимаем изменения, происходящие за время жизни дерева в древостое. Они необратимы, в отличие от «роста», который может колебаться. По Г.Б. Кофману (1986), дерево – это регистрирующая структура, для которой возможен ретроспективный подход, и построение теории должно начинаться с анализа роста деревьев и правил их кооперации с последующим переходом к древостоям.

При создании лесных культур расстояния между растениями в рядах часто сокращают до 0.5–0.75 м, что увеличивает конкуренцию. Поэтому рассмотрим влияние фактора густоты и конкуренции на проявление закона Е.Л. Маслакова на реальных примерах из наших исследований (Рогозин, 1983, 2013).

В Прикамье в 1950-е гг. сосну часто высаживали на старопахотные суглинистые почвы, где условия для нее оказались и благоприятны, и необычны, так как она эволюционировала в основном на песчаных почвах.

Выдвинули гипотезу, что ее онтогенез в этих условиях происходит по-другому, что снижает точность ранней диагностики деревьев-лидеров..

Исследования проведены в культурах с расстоянием между рядами 2–2.5 м и в ряду от 0.55 до 0.75 м; 3 участка были на суглинистых и 3 – на супесчаных почвах. Срубали по 17-20 моделей на участке, в основном по 4 модели в каждом из 5 классов Крафта, всего 113 моделей. Для анализа абсолютные значения размеров ствола переводили в относительные величины (% от среднего значения), после чего данные объединяли. Мерой соответствия роста служили возрастные корреляции между размерами деревьев в 4, 5, 7, 10 лет и их объемом в 29–40 лет.

Анализ показал, что корреляции в двух сравниваемых группах (культуры на суглинках и на супесях) оказались недостоверны, и поэтому гипотеза о различном онтогенезе сосны на песчаных и суглинистых почвах не подтвердилась. Непреднамеренно на этом же материале по фактору «расстояние между деревьями в рядах» удалось образовать две группы: 0.55–0.60 м (густые культуры) и 0.69–0.75 м (редкие культуры), по 3 участка в каждой. Оказалось, что в густых культурах корреляции для диаметров не превышают в среднем 0.47 даже к 10 годам, тогда как в редких они всегда были выше и достигали в среднем 0.60 в 4 года и 0.75 в 10 лет. Связи для высот были ниже и повышались не стабильно (табл. 1.1).

Различия между корреляциями, предварительно преобразованными для оценки различий между ними при малых выборках в величины «зет» (Лакин, 1973), оказались достоверны при $F_{ф} = 36.6 > F_{0.05} = 7.7$. Эти различия можно объяснить усилением конкуренции в более густых культурах, которая приводит к тому, что отбор начинает действовать по-иному: быстрорастущие растения снижают рост и на их место в лидеры выходят толерантные к конкуренции особи, т. е. такие, которые лучше других ее переносят.

Таблица 1.1 – Коэффициенты корреляции объемов деревьев сосны в возрасте 29–40 лет с ростом растений в ранние годы (по Рогозину, 1983)

№ п/п	С высотой (Н) в возрасте, лет				С диаметром (Д) в возрасте, лет				С условным объемом ($Д^2Н$) в возрасте, лет			
	4	5	7	10	4	5	7	10	4	5	7	10
Посадка в рядах через 0.55-0.60 м (густые)												
55	0.03	0.10	0.19	0.29	0.44	0.35	0.46	0.49	0.42	0.27	0.44	0.49
51	0.54	0.41	0.46	0.34	0.36	0.39	0.33	0.37	0.51	0.48	0.48	0.41
61	0.35	0.43	0.73	0.52	0.40	0.44	0.50	0.54	0.45	0.47	0.54	0.52
Среднее	*0.32*	*0.32*	*0.49*	*0.39*	*0.40*	*0.39*	*0.43*	*0.47*	*0.46*	*0.41*	*0.49*	*0.47*
Посадка в рядах через 0.69-0.75 м (редкие)												
56	0.60	0.72	0.77	0.84	0.56	0.55	0.66	0.70	0.63	0.65	0.74	0.78
71	0.70	0.64	0.65	0.71	0.64	0.68	0.74	0.77	0.62	0.65	0.72	0.79
72	0.53	0.51	0.72	0.83	0.60	0.63	0.73	0.76	0.68	0.67	0.80	0.83
Среднее	*0.62*	*0.63*	*0.72*	*0.80*	*0.60*	*0.62*	*0.71*	*0.75*	*0.64*	*0.66*	*0.76*	*0.80*

Изменения в росте при повышении конкуренции является ответом популяции на изменение фитоценотической обстановки. Этот ответ предстает перед нами как некое стремление растений почему-то изменять со временем свой рост по своим внутренним причинам (и возникает соблазн назвать их «генетическими»). Реакция появляется, конечно же, как ответ генотипа, но причина, вызывающая именно такую реакцию генотипа лежит вовне его, и предстает как давление соседей, как дефицит элементов питания и освещения.

Генетические причины изменений роста, безусловно, существуют. Однако необходимо вычленить их долю влияния и сравнить с долей влияния факторов среды. В *особенно редких культурах* она может быть близка к той величине, которая и является генетически (эпигенетически) обусловленной. Поэтому крайне важно для ранней диагностики установить значения возрастных корреляций, свободных от конкурентного «шума». На основании наших исследований можно полагать, что в разреженных культурах автокорреляции будут выше, следовательно, выше будет и надежность ранней диагностики роста.

Здесь можно сформулировать и ответ на вопрос, почему появляются «типы роста». Просто ответить: «потому что деревья разные по генотипам», нельзя. Возможный ответ пока будет пока такой: «Причина появления различных типов роста – это воздействие ценотической обстановки и реакция генотипов на нее, видимая нами как изменения в росте растений; воздействие ценоза на каждое дерево различно, поэтому различен и их рост. Различия *могут быть* вызваны особенностями генотипа, но сила его влияния пока не установлена».

Вопрос этот сложен. В лесной селекции сроки оценки элитности лесных пород все еще неясны, не установлена сила влияния генотипа на типы роста, неясен рост дерева в условиях повышенной и оптимальной конкуренции, а также при относительно свободном стоянии.

Когда выяснилось, что усиление конкуренции влияет на ранговый закон Е.Л. Маслакова отрицательно, то мы представили раннюю диагностику роста деревьев в более понятной форме – как вероятность наступления желательного для нас события (формирование дерева с размерами выше среднего) из стволиков разных размеров.

Для этого мы построили точечные диаграммы (поля корреляции) для диаметров стволиков в 4 года и объемов их стволов в 29–40 лет. Эти поля имеют корреляции, равные 0.40 для густых и 0.60 – для редких культур (см. средние значения в табл. 1.1).

Для анализа разделим поля горизонтальной линией на 2 ранга по объему стволов и вертикальной линией – на 2 ранга по диаметру стволиков, поделив выборку на равные части, ориентируясь на значения в 100%. В итоге получаем 4 сектора, и по верхним секторам можно рассчитать вероятности наступления желательного для нас события, а именно, формирование крупного дерева (рис. 1.3).

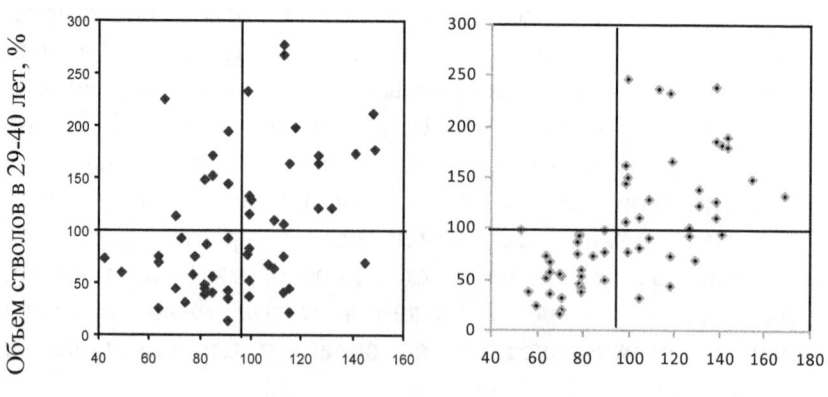

Рис. 1.3 – Диаметр стволика в 4 года и объем стволов в 29-40 лет в густых (слева) и в редких (справа) культурах сосны

Сразу обращаем внимание на почти пустой верхний левый сектор на правом графике, что означает, что в редких культурах у тонких в 4 года стволиков почти нет шансов сформировать крупные деревья в 29-40 лет: всего 1 дерево достигло объема ствола 100%, что дает вероятность формирования крупных деревьев из 25 тонких стволиков 1/25=0.04. Напротив, в густых культурах 27 тонких в 4 года стволиков сформировали семь крупных деревьев, что дает вероятность 7/27=0.26. Вероятности этих событий представлены и в виде диаграмм (рис. 1.4).

Из толстых стволиков вероятности формирования крупных деревьев, как и ожидалось, оказались намного выше и достигают в 4 года 62-68%, а в 10 лет – еще выше: 69-74%.

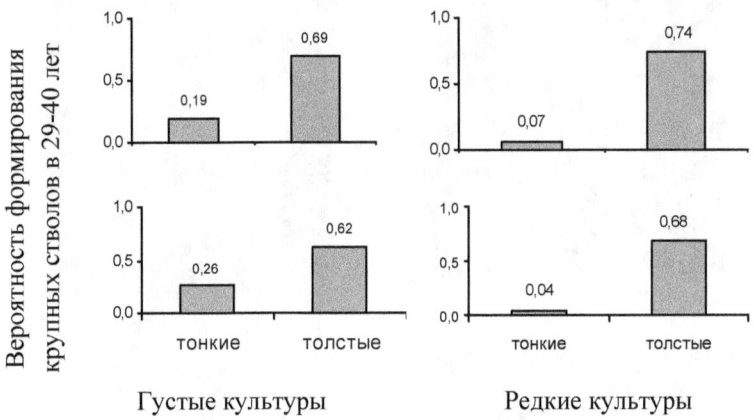

Рис. 1.4 – Вероятность формирования крупных стволов из тонких и толстых стволиков в 4 года (внизу) и в 10 лет (вверху) в густых и редких культурах сосны

По ели в ранней диагностике ее роста практически нет работ с прослеживанием рангов роста с самого раннего возраста (5-7 лет) до возраста технической спелости. Однако мы нашли ее культуры без рубок ухода, созданные в 1913 и 1919 гг. (культуры лесничих А.Е. и Ф.А. Теплоуховых), где путем ретроспективного анализа ствола

70-78-летних деревьев (рис. 1.5) мы проследили историю их развития за 65-71 год.

Рис. 1.5 – Рубка модельного дерева ели финской в культурах 1913 г., созданных по схемам Ф.А. Теплоухова. Рубка проведена при назначении сплошных санитарных рубок. Сивинский лесхоз

В этих культурах для каждого из 5 рангов размеров ствола (классов Крафта) отбирали строго по 6 моделей.

Поиск моделей в древостое имел важные особенности и модельные деревья отбирали в возможно более плотном окружении, для чего вокруг модели закладывали пробную площадь с радиусом 3.2 м, захватывая и учитывая живые, сухие и валежные деревья. Всего было исследовано 60 моделей на двух участках

Самое удивительное оказалось то, что вероятности формирования желательных для нас крупных деревьев из толстых стволиков в раннем возрасте, в период от 7 до 20 лет, практически не повышаются. Они как бы «сидят» на одном уровне в 70-80%, и 100% надежность прогноза лидеров задерживается до возраста 40 лет (рис. 1.6).

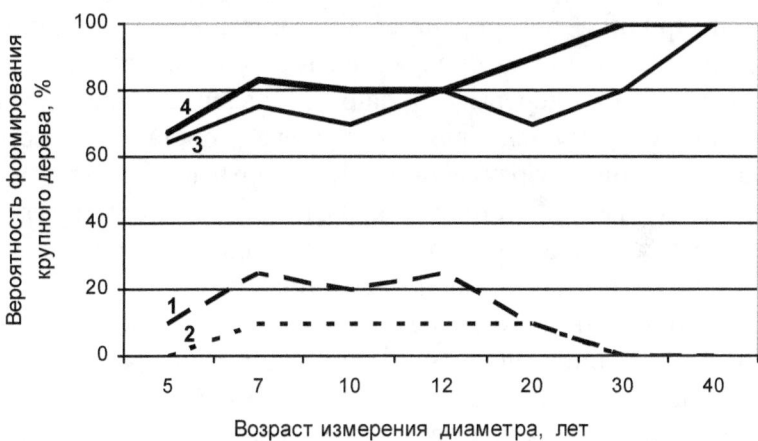

Рис. 1.6 – Вероятности формирования крупных в 70–78 лет модельных деревьев ели из тонких (*1*), самых тонких (*2*), толстых (*3*) и самых толстых (*4*) стволиков при их измерении в возрасте 5–40 лет

Такое явление было тем более необычно, что, несмотря на повышение коэффициентов корреляции с возрастом, соответствующего роста вероятностей не наблюдалось. Объяснить это явление можно, если полагать, что в этот период растения никак не могут определиться с лидерами.

При этом от лидеров требуется не только скорость роста, мощная крона, но и толерантность к конкуренции. Отсюда следует, что для дерева «продуктивность по биомассе» и «конкурентная выносливость» совсем не одно и то же и второе не всегда следует из первого.

Подобные процессы мы исследовали в культурах сосны и получили близкие выводы, о чем уже говорилось выше. В частности, при повышении густоты культур корреляции между высотами в 4-7 лет и размерами стволов в 29-40 лет оказались достоверно ниже, вплоть до их отсутствия в отношении высоты ($r = 0.03$) на одной из пробных площадей (см. табл. 1.1).

Вероятно, толерантность к давлению соседей может не сочетаться с продуктивностью деревьев по биомассе. По этой причине некоторые особи снижают рост, уступая место не самым продуктивным, но выносливым к конкуренции деревьям. Данное явление показывает, насколько важны для будущего роста древостоя опережающие изреживания. Комфортные условия для каждого дерева стабилизируют ранговую структуру древостоя, что повышает производительность как отдельных растений, так и древостоя в целом.

Это явление доказывает, что конкуренция действует на ход роста отрицательно, снижая соответствие рангов роста в молодом и старшем возрасте. Но в целом можно констатировать, что уже в самом раннем возрасте среди растений появляются лидеры и аутсайдеры и они сохраняют ранги вполне в духе закона Е. Л. Маслакова.

Подобное сохранение рангов роста обнаружено нами и в совокупностях растений – потомствах. Так, изучение потомства 453 плюсовых деревьев 12 популяций ели финской показало (Рогозин, 2013а), что в возрасте 21 год потомства 5 популяций-лидеров превосходят потомства 3 популяций-аутсайдеров по высоте на 6–15%. Диагностика популяций-лидеров оказалась возможна уже в 4 года при интенсивности отбора 60%, а семей-лидеров – в 8 лет.

Более того, на рост потомства достоверно влияет и плотность материнских популяций. Потомства наследуют как бы «память на конкуренцию»: большая густота родительских ценозов достоверно увеличивала высоту потомства в густых культурах и снижала ее в редких, с различиями до 19%. Было доказано также последействие конкурентного давления на отдельные плюсовые деревья: при его снижении высота их потомства повышалась на 4.6%, причем отличия появились в 4-летнем возрасте и сохранились до 21 года (Рогозин, 2013a).

Таким образом, ретроспекция развития деревьев сосны и ели в их культурах в возрасте от 4 до 78 лет подтвердили открытый в молодняках сосны ранговый закон роста деревьев Е.Л. Маслакова, причем при усилении конкуренции его действие ослабевает. Деревья-лидеры диагностируются уже в 4–7 лет. В 4-5-летнем возрасте надежность их выявления достигает 68%, а в 7-10 лет возрастает до 72-74%. При этом из мелких стволиков вероятность формирования лидеров у сосны составляет всего 4%, у ели – 3-7%. Густота посадки влияет на лидеров и аутсайдеров по-разному. У сосны при сокращении расстояния между растениями в ряду с 0.75 до 0.6 м корреляция между их размерами в 4 года и в 29-40 лет снижалась с 0.60 до 0.40, при этом крупные стволики сохраняли вероятности формирования из них крупных стволов на близком уровне (62-68%), а мелкие растения начинали формировать крупные стволы в 6 раз чаще, увеличив вероятности с 4% до 26%.

Все эти имеющие практическое значение для моделирования развития древостоя параметры раннего отбора показывают, как «работают» на будущее древостоя его члены-деревья. Однако критерии их отбора наталкиваются на нерешенный вопрос о том, как же они будут развиваться далее, если древостой вдруг по каким-то причинам замедлит или, наоборот, ускорит рост. Нужен и ответ на вопрос о правомерности переноса закономерностей, обнаруженных на отдельных деревьях на развитие древостоя как в прошлое, так и в будущее.

1.3. Развитие древостоев и типы их роста

С первого года возникновения древостоя в нем происходит дифференциация деревьев по их размерам – создается разнообразие их по жизненному потенциалу. Причины этого могут быть разные: сроки появления всходов, различия в возрасте, неравномерное расположение, микро- и мезоусловия и др. Отстающие в росте деревья постепенно отмирают – происходит естественное самоизреживание древостоев.

Каждое дерево появляется на свет с природной способностью (целеполаганием) расти и развиваться с полным использованием доставшихся ему индивидуальных особенностей и условий жизни в ценозе, развивая в первую очередь корневую систему и крону.

Древостой, состоящий из множества разнообразных по жизнеспособности деревьев, приобретает интегральное свойство и цель развиваться с полным использованием условий произрастания и он стремится по возможности ускоренно и полнее освоить доставшееся жизненное пространство. В этом проявляется стремление древостоя как сообщества быстрее достигать индивидуальных пределов по всем таксационным показателям – линейным, площадным и объемным (Разин, Рогозин, 2010).

Казалось бы, логика этих простых умозаключений вполне согласуется с идеями и законами экологии (Одум, 1986), однако ее законы не используются в полной мере в моделировании древостоев.

Рост древостоев весьма изменчив и разнообразен и впервые об этом сообщалось еще в начале 20 века Флюри и Гуттенбергом, ссылаясь на которых Н.В. Третьяков (1937) приводит пример, когда ель в 50 лет на трех участках имела высоту 13.5; 16.5 и 19.5 м, а в возрасте спелости таксировалась одним классом бонитета. Однако этот факт, а также другие свидетельства изменений классов бонитета с возрастом (Третьяков, 1927; Лебков, 1965; Разин, 1965; Давидов, 1977; Кузьмичев, 1977) были подвергнуты сомнениям (но не проверялись при этом) сторонниками устойчивости классов бонитета. Так, в обзоре Н.Н. Свалова (1978), посвященному прогнозу роста древостоев, о причинах их изменений упомянуто лишь вскользь. По-видимому, причиной такого ухода от анализа неудобных фактов было стремление использовать классы бонитета для составления в СССР огромного количества таблиц хода роста (ТХР). Тем не менее, Н.Н. Свалов все-таки делает замечание, что изменения классов бонитета с возрастом показали несовершенство шкалы М.М. Орлова и ее пригодность для таксации древостоев только в статике.

Этот вывод ключевой в прогнозировании роста древостоев. Шкала бонитетов пригодна для таксации только в статике, то есть «здесь и сейчас», из чего логически вытекает вывод о ее непригодности для прогноза роста древостоев как в будущее, так и в прошлое.

Рост фитоценозов наиболее точно изучается по данным длительных повторных наблюдений. Таких наблюдений немного, и сразу после публикации таких данных (Итоги…,1964) мы определили у древостоев классы бонитета до десятых долей и построили по ним линии роста. Оказалось, что в течение 60 лет он был стабилен (находился в пределах ±1.0 класса) лишь у 10% древостоев. В молодости его меняли 84%, а ближе к спелому возрасту – до 97% древостоев (табл. 1.2).

У других пород изменения также были значительны и в наших работах (Разин, 1965, 1967) был сделан вывод: реальные древостои не растут по шкале бонитетов М.М. Орлова и составлять на ее основе ТХР нельзя. Позже к таким же выводам пришли и другие авторы (Давидов, 1977; Кузьмичев, 1977).

Таблица 1.2 – Изменения классов бонитета в 119 сосновых древостоях в различных возрастах (% от числа древостоев)

Поведение	Возраст, лет						Сред-нее
	25	35	45	55	65	75	
Стабильное	16	16	7	10	5	3	10
Нестабильное	84	84	93	90	95	97	90
Итого	100	100	100	100	100	100	100
В т. ч. повышение / понижение	32 / 52	68 / 16	54 / 39	25 / 68	9 / 86	7 / 90	32 / 58

Изучением роста древостоев традиционно занимались таксаторы. Они первыми обнаружили типы их роста (Третьяков, 1927, 1937), изучили их разнообразие (Лебков, 1965; Давидов, 1977; Закономерности…, 1976) и которым дается следующее определение (Лесная…, 1986): «Тип роста древостоев – показатель, характеризующий скорость и траекторию изменения таксационных показателей. Система типов роста … моделирует все естественное разнообразие линий роста древостоев». В энциклопедии приведены 16 типовых рядов роста, разработанные В.В.Загреевым по данным свыше 400 таблиц (Закономерности…, 1976, с.. 101). Они имеют разную крутизну подъема с пересечением всех линий в 100 лет. Их можно разделить на три части. Первая имеет быстрый рост до 100 лет, далее до 160 лет он замедляется и высота увеличивается всего на 1-7%; вторая занимает среднее положение, а третья часть линий имеет медленный рост, но увеличивает высоту после 100 лет еще на 23-30%.

Смысл этих линий роста в высоту оказался иным, чем вкладывали в типы роста селекционеры, понимая под ними изменения роста по отношению к среднему значению, например: медленный в раннем возрасте, затем усиленный и вновь медленный; средний, затем усиленный и далее слабый и т. д. (Котов и др., 1977; Рогозин и др.,

1986). Вполне очевидно, что «типы роста» у селекционеров и «типы хода роста» у таксаторов не совпадают. Поэтому под типом роста мы будем понимать то, что вкладывают в него селекционеры, а именно, изменения роста по отношению к средним показателям у некоторого множества древостоев, растущих в одинаковых с ним условиях, например: слабый в раннем возрасте, затем усиленный; быстрый, затем средний и т.д.

Причины таких *типов роста* (в понимании селекционеров) были неясны, в то время как *типы хода роста,* представленные таксаторами в виде системы линий роста, по-видимому, отражали влияние общих географических и эдафических факторов (Загреев, 1978).

На наш взгляд, именно поэтому, учитывая необходимость изучить леса во всех регионах СССР, в 1970-е годы и было решено разработку ТХР унифицировать и составлять местные таблицы с подбором возрастного ряда по классам бонитета, которые будут отражать конкретные особенности развития насаждений в регионах. При этом *типы роста* селекционеров можно было считать уже «случайными» отклонениями от неких средних линий развития, характерных для региона.

1.4. Модели статичных состояний (таблицы хода роста)

Такие таблицы составляли многие выдающиеся таксаторы. Проблемы и неадекватность прогноза роста по ним мы уже освещали (Разин, Рогозин, 2010-2012; Рогозин, Разин, 2012). Кратко опишем историю их разработки.

Первые русские «Опытные таблицы запаса и прироста нормальных насаждений» опубликовал в 1846 г. Варгас де Бедемар (1846-1850). Подобные таблицы разработал и М.М. Орлов (1897), однако назвал их иначе: «Таблицы хода роста нормальных насаждений». В их новом названии слова «ход роста» образовывали уже новое понятие, которое подразумевало «движение» роста, то есть его динамику во времени. Отметим, что в таблицах Варгаса де Бедемара такого смысла не содержалось. Новое название сразу прижилось из-за широкой смысловой нагрузки слов, а также удобной аббревиатуры сокращения.

А.В. Тюрин вместо прежнего термина «нормальные» использовал термин «сомкнутые»; число ТХР у него насчитывало 28 единиц (Тюрин и др., 1944). В справочнике В.Б. Козловского и В.М. Павлова (1967) приведены уже 113 ТХР. Здесь они названы весьма разнообразно: большинство – сомкнутыми, множество – без наименований, некоторые – нормальными, нормально сомкнутыми, высокополнотными, модальными. В.В. Загреев (1978) указал, что им собрано очень большое число ТХР: нормальных – 370 единиц, модальных – 104. В современном справочнике «Таблицы и модели хода роста и продуктивности насаждений основных лесообразующих пород Северной Евразии» (Швиденко и др., 2008) приведено свыше 120 таблиц, имеющих наименование «Ход роста полных (нормальных) древостоев».

Следует сказать, что в 1970-е годы решалась глобальная задача составления ТХР для всех регионов страны и создание единой системы лесотаксационных нормативов (Свалов, 1979). Для этого были разработаны десятки моделей стандартизированных статистических процедур, необходимых для выяснения параметров таксационных показателей (Закономерности…., 1976) и методы составления ТХР приобрели некоторые общие черты. Наибольшее распространение получил метод ВНИИЛМ (Загреев, 1979). Метод Н. Н. Свалова был близок к нему, хотя сам автор считал его направленным на разработку «общих таблиц, единых для всех стадий лесоучетных и лесопроектных работ» полагая, что «теория региональных таблиц не может служить основой к решению проблемы моделирования динамики древостоев». По материалам 1740 пробных площадей Н.Н. Свалов составил «Таблицы производительности сосновых древостоев максимальной полноты», классифицированные по высоте древостоев в 100 лет на 11 классов. Считаясь ведущим таксатором, Н.Н. Свалов при обосновании в СССР главного направления моделирования производительности древостоев сделал категоричный вывод о том, что классификационной основой их может быть только бонитет (Свалов, 1979).

Это позволило успешно решить множество задач. Были определены методика и традиции исследований, которые давали некую общую модель постановки проблем и их решений, т.е. вполне в духе Т. Куна (2009) сформировалась *научная парадигма,* предписывающая исследователям работать по определенным правилам, соблюдая традиции, и заканчивать работы по изучению динамики древостоев в виде таблиц «хода роста».

С тех пор многие исследователи начали применять преимущественно метод ВНИИЛМ. Его суть при составлении ТХР для одного типа леса (бонитета) следующая: нахождение полных древостоев в трех опорных возрастах (хвойные 50, 100, 150 лет; мягколиственные 20, 50 и 80 лет); определение «верхней» высоты древостоя по крупным деревьям, их рубка и анализ роста моделей из старших древостоев, аналитическое выравнивание линий роста крупных моделей по высоте (выравненная линия «укажет» линию изменения высоты в более младших возрастах). В соответствии с «указаниями» этой линии находят полные древостои в младших возрастах с соответствующей верхней высотой. Метод позволяет за сезон составить сразу несколько таблиц (Свалов, 1979; Верхунов, Черных, 2007, с. 295).

Моделирование по данному методу заключается в выяснении параметров асимметрии рядов, формул связи показателей с возрастом и т.д. В последние годы ТХР полных древостоев пытаются улучшить (Миронов, 2013), анализировать с целью нахождения густоты, приводящей к максимальной производительности (Стяжкин, 2005), а также объединить их в единую согласованную систему лесотаксационных нормативов для Северной Евразии (Швиденко и др., 2003), полагая, что там действительно показана динамика и «истинный» ход роста полных насаждений, о чем сделали критическое замечание И.В. Семечкин и Р.А. Зиганшин (2008).

Наиболее сложные модели, основанные на выяснении статичных состояний древостоев, были разработаны З.Я. Нагимовым (2000). Их целью было нахождение оптимальной густоты, а также фитомассы сосняков в условиях южной и средней тайги на Урале. После анализа всех известных способов измерения площади питания деревьев, с выбором наилучшего, были изучены площади питания, размеры деревьев, масса хвои и кроны 1 тыс. деревьев на 108 пробных площадях в возрасте от 16 до 120 лет. Поиск оптимальной густоты был основан на поиске такой площади питания деревьев, при которой достигается наибольший прирост. При поиске брали для расчетов не все деревья, а только деревья 2-3 классов Крафта, как наиболее эффективно использующие свои площади питания для увеличения прироста.

Подходы З.Я. Нагимова получили развитие у А.А. Вайса (2014) для моделирования горизонтальной структуры древостоев на основе выделения биогрупп и «социальных» групп – искусственных образований с любым случайно выбранным деревом, помещаемым в центр многоугольной выборки, для которого рассчитывали два показателя: а) среднее расстояние до соседей; б) отношение суммы диаметров крон 1-16 соседей к диаметру кроны центрального дерева. Второй показатель был назван «напряженность конкуренции».

В методе ВНИИЛМ и его последних модификациях, включая выяснение оптимальной площади питания и оптимальной конкуренции на основе разделения древостоя на «социальные группы», по существу, моделировали историю развития отдельных деревьев и переносили ее на ход роста всего древостоя, а далее и на совокупность из древостоев разного возраста. Исследователи вполне полагались на то, что модельные деревья 85 ранга и выше отражают не только историю развития высоты *своего* древостоя, но указывают ее и для других, более молодых древостоев. По средней линии роста таких моделей находили координаты высот и возраста для поиска молодых древостоев и составляли «естественный ряд развития древостоев» по бонитетам и типам леса.

Концепцию таких ТХР можно представить как поиск статичных состояний, которые сочетает в себе оптимальным образом два состояния древостоя: высокую продуктивность (полноту) и наилучшие таксационные показатели, выражающиеся в приближении рядов их распределения к нормальному закону. Эти состояния находили, закладывая некоторое множество пробных площадей одномоментно, равномерно представляя их по классам возраста, далее аппроксимировали тренды и снимали с них данные для 10, 20, 30 лет и далее. Читая таблицу, мы видим динамику (изменение со временем) этих статичных состояний по классам возраста.

Но эта динамика не развитие, а лишь *фиксация состояний* – предельных для «нормальных» и неких средних состояний – для «модальных» ТХР. Выяснить, какими эти состояния будут через 10 лет, или из каких прежних состояний они появились, составители таблиц не пытались, да и задачи такой не ставилось. В итоге сам процесс развития древостоев оказывался не изученным. Поэтому не случайно появились «хронолесоводство» (Битков, 2009), «плантационное лесоводство» и даже «нетрадиционное лесоводство» (Марченко И.С., Марченко С.И., 1998) , где есть весомые аргументы в обоснование новых концепций развития древостоев и ухода за ними.

Эти «частные» лесоводства подтверждают общий характер развития наук вообще и то, что в лесных науках начался кризис – появились альтернативные теории и сосуществуют противоборствующие научные школы. Далее происходит научная революция, старая парадигма исчезает и формируется новая (Кун, 2009).

1.5. Модели развития

Неадекватность таблиц хода роста реальной динамике роста древостоев отмечалась давно (Разин, 1967, 1979; Давидов,1977; Кузьмичев, 1977, 1980; Кофман, 1986; Нагимов, 2000; Семечкин, Зиганьшин, 2008; Хлюстов, 2011; Рогозин, Разин, 2012) и уже упоминается в учебниках (Сеннов, 2005; Верхунов, Черных, 2007). Почему же ТХР не являются моделями развития?

Во-первых, «ход роста» по ним никогда не проверялся на реальных древостоях повторными наблюдениями. Во-вторых, термин «ход роста», справедливый для дерева, был присвоен, по существу, таблицам продуктивности древостоев в статике и весь 20 век вводил в заблуждение их разработчиков. В-третьих, давление авторитетов В.В. Загреева и Н.Н. Свалова было настолько мощным, что иные варианты моделирования в конце 20 века не приветствовались или замалчивались. Наконец, и сами интересы лесоустройства были простыми – оценить состояние лесов «здесь и сейчас», и модели развития для этого не требовались.

Например, Н.Н. Сваловым (1979) было описано 13 способов моделирования хода роста древостоев и четыре их комбинации, в других работах (Верхунов, Черных, 2007) приводится 8 методов составления ТХР. Однако наиболее точный способ, основанный на повторных наблюдениях, называемый историческим, в упомянутых исследованиях не применялся. Даже его сокращенный вариант (метод Гейера), где развитие древостоев отслеживалось в течение 10-20 лет с таксацией через 5 лет (Свалов, 1979), и который мог бы проверить «ход роста» ТХР и саму методику моделирования не применялся ни разу.

Однако известна работа (Кузьмичев, 1977), где у полных древостоев теоретические линии динамики сумм площадей их сечений для 1 и 4 класса бонитета сопоставлялись с данными 4-5 обмеров в течение 20 лет на 16 пробных площадях. Это были данные 70-летней давности (!) немецкого лесовода А. Шваппаха. Результаты были поразительны – древостои сохраняли полноту 1.0 в течение 5-10 лет, а далее резко ее теряли. На графике (Кузьмичев, 1977, с. 143) хорошо видны отрезки линий развития полноты, по трендам близкие к элементам системы наших колоколообразных кривых с точкой перегиба, которая наступает тем раньше, чем больше была начальная густота древостоя (Разин, 1979; Рогозин, Разин, 2012). Подобную систему моделей динамики полноты приводит В.В. Кузьмичев и в своей диссертации (1980), где делается категоричный вывод о том, что необходимо изменить принципы составления ТХР. Ранее им уже был сделан вывод о том, что «…начальные условия во многом определяют развитие древостоя. Рост его происходит совсем не по тем закономерностям, которые отражены в таблицах хода роста. Для их выявления требуются наблюдения на пробных площадях и новые методы изучения хода роста». В качестве примера он приводит имитационное моделирование развития лесных культур в Канаде, где в моделях было получено аналогичное наблюдавшемуся на пробных площадях изменение сумм площадей сечения: густые древостои раньше достигали предельных значений и дальше отходили от него в последующем развитии (Кузьмичев, 1977, с. 146).

Позднее Г.Б. Кофман (1986) также отметил, что «…на начальном этапе большой популярностью пользовалась систематизация получаемого материала в таблицы хода роста, с известной долей иронии и не без основания названных В. Пешелем (Peschel, 1938) кладбищами цифр, отражающими способ их создания. Громадный материал, накопленный усилиями многих исследователей, позволил сформулировать ряд обобщающих принципов.... и они оказались фундаментом для создания предпосылок успешного количественного описания роста деревьев и древостоев. Как это ни парадоксально, но на этом фундаменте начало строиться, в общем-то, несколько иное здание. Последующее применение математических, а скорее, просто более изощренных статистических методов, описанных применительно к обработке лесоводственной информации К.Е. Никитиным и А.З. Швиденко (1978), привело к утрате общности и целостности восприятия, к его дроблению на множество моделей, зачастую являющихся «вещью в себе» (Кофман, 1986, с. 4).

Казалось бы, выводы столь авторитетных ученых должны были указать новое направление моделирования. Однако они прямо противоречили парадигме разработки ТХР, и в лучшем случае лишь вежливо упоминались, так как генеральная линия моделирования уже была определена. Далее в России начались социальные потрясения, и стало не до моделей.

Сейчас наступил ренессанс, и рассматриваются общие, конкурентные, энергетические модели развития лесных экосистем (Моделирование…, 2007; Алексеев, 2014; Грабарник, 2014). Поэтому важно не повторять прежних ошибок и, в связи с этим, вспомним самую первую из них. Еще в начале 20 века, когда начали использовать деревья-модели, то смысл операций с ними (изучение хода роста) был перенесен на выстраиваемую из полных древостоев статичную конструкцию – таблицу показателей, снятых с линий трендов. Таблицу стали называть аналогично – «ход роста древостоев». Именно здесь и произошла подмена понятий: свойства древостоев в статике, как единиц наблюдений, перенесли на свойства всего явления – *на процесс развития* древостоев. Семантика названий «Таблицы производительности» и «Таблицы хода роста» разная. Их будут пытаться использовать для разных целей, хотя по содержанию они идентичны. Следует устранить семантические нестыковки и использовать то название, которое они имели с самого начала (Варгас, 1846-1850) и которое применил для своих таблиц Н. Н. Свалов (1979).

Успешное развитие древостоя определяет его прирост, который зависит от мощности фотосинтезирующего аппарата. Однако этот аппарат, а также объемы крон и масса хвои прежде мало интересовали лесоводов. Более того, при изучении прироста леса так вопрос даже и не ставился, причем прирост не увязывали и с ходом роста древостоев (Антанайтис, Загреев, 1981, с. 187). Разработанные тогда модели имели лаг прогноза 5 лет при точности ±5-8% и вероятности 68% (при вероятности 95% ошибки будут ±10-16%), и они используются до сих пор (Багинский, 2011). Но если для актуализации данных таксации этого достаточно, то для выращивания леса нужен прогноз на 30-50 лет, при котором ошибки возрастут до 50% и прогнозы по таким моделям теряют смысл.

В развитии, как процессе, выделяют восходящую линию (прогресс) и нисходящую (регресс). В лесоводстве прогресс в росте древостоя связывают с увеличением прироста древесины, а регресс с понижением. Что же их детерминирует? Вполне очевидно, что причины лежат в объемах фотосинтезирующего аппарата, в массе листвы в пологе древостоя, а также в суммарном объеме крон. Расчеты по ним сложные, но как только они сделаны, то получаются интересные результаты. Так, масса хвои в полных сосняках от 40 до 120 лет оказалась практически постоянна и колебалась в пределах 12.8-13.3 т/га (Нагимов, 2000, с 265). В древостоях ели с малой начальной густотой также были обнаружены константы по суммарным объемам крон в возрасте после 40 лет (Рогозин, Разин, 2012, 2013). Константы имеют ясный биологический смысл как предел, выше которого полог древостоя уже не может заполняться биомассой, и их наличие подтверждается известными в экологии законами (Одум, 1986; Реймерс, 1994).

Этот момент меняет наше представление о главных признаках в моделировании. Если обнаружена константа (суммарный объем крон, масса хвои), то моделирование находит свою точку отсчета, свой «опорный экспериментальный факт» (Кофман 1986, с. 4) и «...необходимо считаться с разделением биомассы стволов на инертную и физиологически активную. Возможен и другой подход, когда на основании эмпирических обобщений изначально постулируется какое-нибудь интегральное свойство, анализ которого приводит к зависимостям размер-густота. Примером таких постулатов может служить постоянство сомкнутости полога либо камбиальной поверхности на единице площади. Быть может, целесообразно также рассмотреть варианты с постоянством массы хвои и физиологически активной биомассы» (Кофман, 1986, с 184).

Модели развития древостоев точнее всего разрабатывают по данным стационарных наблюдений. По таким данным (Итоги…, 1964) мы и провели анализ хода роста культур, созданных М.К. Турским с разной густотой. Оказалось, что от начальной густоты зависели буквально все их показатели, и в редких культурах они были выше, что отметили и другие исследователи (Кузьмичев, 1977; Нагимов, 2000). Это с самого начала побудило нас изучать рост и развитие дендроценозов в ином ключе (Разин, 1967), и нужно было определить, как же искать по ней естественные ряды развития древостоев. Их поиск коренным образом отличался от метода ВНИИЛМ.

Детально методика моделирования изложена в брошюре (Разин, 1977). В кратком виде ее отличия состояли в следующем. Независимыми переменными величинами были приняты типы условий местопроизрастания, возраст и начальная (в 10 лет) густота древостоев. Главной оценкой состояния деревьев служили длина и ширина кроны, а состояние древостоя оценивали по коэффициенту перекрытия кронами горизонтальной поверхности (по сомкнутости крон) и по их объему. Сомкнутость крон отличалась от сомкнутости полога, и в молодом возрасте в предельно густых ельниках она достигала значений намного больше 1.0 (максимально до 2.6) и была особенно информативна для выяснения того, на какой стадии (восходящего развития, стагнации, регресса) находится развитие древостоя. В молодняках по сохранившемуся отпаду можно было довольно точно рассчитать прошлую, а часто и начальную густоту.

В 50-120-летних древостоях в дополнение к сомкнутости крон и отпаду, в качестве индикатора начальной густоты использовали уже другой показатель – отношение Д/Н (сбег ствола). Выяснилось, что он сильно зависит от начальной густоты и после 45-50 лет может быть отнесен к индивидуальной константе, действующей в пределах естественного ряда развития древостоев по начальной густоте. По нему оказалось возможным не только выяснить историю густоты древостоя, но и прогнозировать будущее состояние ценоза по древостою с близким сбегом. Поэтому к одному естественному ряду развития по начальной густоте относили средневозрастные и более старые древостои, имеющие близкие средние значения сбега ствола; использовали *также относительную длину кроны,* которая при малых размерах прямо указывала на развитие деревьев в условиях высокой начальной густоты. Заметим, что в молодом возрасте сбег не был постоянен, но различия в его трендах между редкими и густыми древостоями сохранялись.

Еще одним важным аспектом в методике было наличие «гид-линий» (ведущих, указывающих линий) на графиках в области значений сбега в зависимости от возраста, а также на полях корреляции между таксационными показателями. Линии эти соединяли две точки повторных наблюдений в одном и том же древостое, полученные с перерывом в 3-10 лет. В этом плане метод Г.С. Разина представлял собой развитие метода Гейера (по Свалову, 1979), который использовался как своего рода корректировщик для линий с точкой перегиба. Эти точки (предельные состояния) оказались очень важны и находили их наиболее тщательно, ориентируясь на состояние фитоценоза, которое можно определить как «мертвопокровный» тип леса, когда сомкнутость крон была столь высока, что в напочвенном покрове отсутствовали даже мхи.

Моделирование развития древостоев данным методом позволило открыть **основную закономерность морфогенеза** простых древостоев (Разин, 1979), получившую теоретическое развитие и далее представленную в **законе развития одноярусных древостоев**, *согласно которому каждый древостой (кроме исключительно редких) один раз за свою жизнь достигает предельных состояний развития по коэффициенту перекрытия кронами горизонтальной поверхности (по сомкнутости крон), сомкнутости полога, сумме площадей сечений стволов, текущему приросту и запасам древесины, после чего снижает их тем сильнее, чем выше была начальная густота* (Разин, Рогозин, 2010).

В соответствии с этим законом развитие древостоя четко делится на два периода: прогресс и регресс. Для них нужен совершенно разный характер хозяйственного воздействия на древостой – активный на стадии прогресса и пассивный на стадии регресса. Например, в самых густых ельниках прогресс заканчивается уже в 20 лет, тогда как в самых редких по начальной густоте он продолжается вдвое больше – до 45 лет.

Метод моделирования по Г.С. Разину (1977) позволил разработать 15 моделей развития еловых древостоев с начальной густотой в пределах от 1.0 до 172 тыс. шт. деревьев на 1 га, а также 4 модели ТХР культур ели (Разин,

1988; Разин, Рогозин, 2010). Модели оформлены в виде таблиц, и только по традиции они названы в упомянутых работах «таблицы хода роста» (по существу, это модели развития). Таблицы составлены для двух смежных ТУМ, наиболее распространенных в Пермском крае. Методику Г.С. Разина (1977) применил в своей диссертации З.Я. Нагимов (2000), где подтвердил действие закона развития древостоев Г.С. Разина.

Самые же интригующие моменты в развитии древостоев, вероятно, будут связаны с изучением географических культур. Рост климатипов оказался зависим от густоты, определяемой сохранностью культур, различающейся в несколько раз. С возрастом (до 25-32 лет) климатипы значительно меняли ранги (Наквасина, 1999; Роговцев и др., 2008; Кузьмина, Кузьмин, 2010; Новикова, 2010; Ямалеев и др., 2011). Влияние густоты иногда исключали аналитически, однако вопрос *о прогнозе роста* климатипа после 30 лет это не решает. В каком направлении пойдет его развитие после достижения предела сомкнутости и полноты? Закономерное снижение полноты (Кузьмичев, 1977) и сомкнутости крон после их максимума в соответствии с законом морфогенеза (Разин, 1979) и законом развития одноярусных древостоев (Рогозин, Разин, 2012) позволяют прогнозировать неизбежное падение сомкнутости и полноты у климатипов, и оно будет тем сильнее, чем интенсивнее был рост и больше начальная густота. Очень вероятно, что может повторится история географических культур на Украине, где медленнорастущие климатипы во 2–3 классе возраста усиливали рост и догоняли быстрорастущие происхождения и причины этого выяснены не были (Молотков и др., 1982).

Таким образом, *модели развития* описывают в табличной или иной форме сам процесс развития – от возраста формирования древостоя до начала его распада. Возможны два способа разработки моделей: а) исторический способ – на протяжении всей жизни каждые 5-10 лет изучают параметры древостоя и составляют естественный ряд его развития; б) способ Гейера, – также каждые 5-10 лет изучают таксационные показатели, но только на отрезках по 15-20 лет, далее соединяют полученные отрезки линий динамики с аналогичными отрезками, полученными из древостоев с другим возрастом и «собирают» весь цикл развития. Разумеется, нужно совпадение условий местопроизрастания и начальных условий развития ценоза. Однако способ нуждается в модификации – нужно разделить древостои по их начальной густоте, определяемой по комплексу индикаторов, предложенных Г.С. Разиным (1977, 1979). В таком варианте метод будет близок по точности к историческому методу моделирования.

1.6. Модели ухода

Эти модели мы рассмотрим так, как они понимаются в классическом лесоводстве, т.е в моделях ухода за древостоями рубками разреживания.

Знакомство с некоторыми учебниками по лесоводству и лесной таксации (Верхунов, Черных, 2007; Калинин, 2011; Набатов, 2002; Сеннов, 2005, 2011) показало, что их авторы, рассматривая теоретические основы рубок ухода, ссылаются на классификацию, 1884 г. немецкого лесовода Крафта. С некоторыми дополнениями она используется и сейчас (Желдак, Атрохин, 2003). Основное регулирование густоты и уход за «деревьями будущего» авторы учебников по-прежнему отодвигают к возрасту прореживаний (к 40 годам) точно также, как это было еще в 1930-е годы. Положения плантационного лесоводства при этом (выращивание при редком размещении деревьев, отбор лидеров в раннем возрасте) не находят воплощения даже в программах прочисток, например, при оптимизации полноты молодняков.

В них мы не встретили и ссылок на «основную закономерность естественного морфогенеза древостоев» Г.С. Разина (1979), а также на «ранговый закон роста деревьев» Е.Л. Маслакова (1981), к моменту выхода этих учебников известных уже более 20 лет. Получается, что теоретические основы рубок ухода в наших учебниках остались на уровне позапрошлого века и никак не развивались с тех пор, как они получили свое первое обоснование в виде некоей теоретической цели – улучшить качество леса и его прирост удалением части отстающих в росте деревьев. У современной молодежи это формирует легкомысленное отношение к теории ухода за лесом, где какие-либо законы развития насаждений отсутствуют.

Рассмотрим одну из основных идей классического лесоводства – воздействие на растущий древостой с целью доведения его полноты до 1.0 к возрасту рубки. По «Наставлению по рубкам ухода в равнинных лесах европейской части России» (1994) после прореживаний и проходных рубок полнота древостоя не должна снижаться менее 0.6-0.7 и этот норматив обеспечит выращивание производительных насаждений. Если учесть начальные условия и прописать технологию, то оформленные соответствующим образом эти нормативы будут *моделью выращивания* древостоев. На практике густоту регулируют обычно разреживаниями в местах густого стояния деревьев (в биогруппах), в идеале добиваясь равномерного размещения деревьев. При этом считается безусловным положение о том, что чем больше площадь питания отдельного дерева (до определенного момента), тем больше *должен быть* его прирост. Именно на этом допущении и построены расчеты оптимальной густоты. В моделях ухода густота является центральным параметром, и вопрос ее оптимизации наиболее важен. Как пример, рассмотрим докторскую диссертацию З.Я. Нагимова «Закономерности роста и формирования надземной фитомассы сосновых древостоев» (Нагимов, 2000).

Сложные расчеты оптимальной густоты (подчеркнем, для статичных состояний древостоев) были проведены З.Я. Нагимовым на Урале в сосняке брусничнике, ягодниковом и разнотравном. Автор, полагая массу хвои показателем мощности фотосинтезирующего аппарата древостоя, которая определяет текущий прирост древесины, построил расчеты на выяснении параметров массы хвои с использованием 1 тыс. модельных деревьев. Далее строились сложные графики, включающие 11 линий зависимости между площадью питания дерева и массой его хвои в древостоях разного возраста (рис. 1.7).

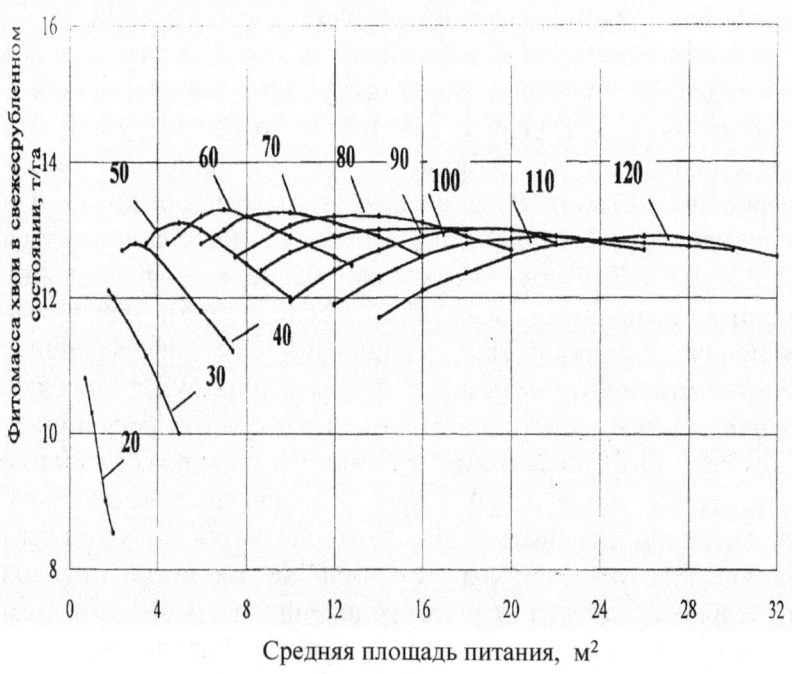

Рис. 1.7 – Зависимость массы хвои в свежесрубленном состоянии от средней площади питания деревьев в сосняках III класса бонитета в возрасте 20-120 лет (по Нагимову, 2000, с. 265)

На колоколообразных кривых автор определял максимум массы хвои и соответствующие им на оси абсцисс параметры площади питания, принимая их далее за оптимальные. На основании рассчитанных оптимальных площадей питания была составлена таблица, часть которой мы приводим ниже в качестве примера модели статичных состояний древостоя в разном возрасте (табл. 1.3).

Таблица 1.3 – Оптимальные значения параметров сосновых древостоев в типе леса сосняк разнотравный (по Нагимову, 2000, с. 334)

Возраст, лет	20	30	40	50	60	70	80	90
Густота, тыс. шт./га	3.2	1.9	1.3	1.0	0.8	0.7	0.6	0.5
Сумма площадей сечения, м²/га	15.6	19.7	23.6	27.3	31.0	34.7	38.3	41.9

Таблица важна для понимания того, что в каждом возрасте есть оптимум густоты и полноты, который обеспечивает максимум хвои и, следовательно, максимум прироста древесины. Автор, однако, признает, что «...естественно формирующиеся насаждения не могут длительное время находиться в состоянии "нормальности". Поэтому сформировать к моменту главной рубки полный древостой можно лишь при помощи рубок ухода, оставляя такое число деревьев, которое соответствует оптимальной густоте. В этом случае ... древостой будут иметь максимальный прирост» (Нагимов, 2000, с. 336-337).

Данные рекомендации вполне соответствуют классическим представлениям о некоей сомкнутой (полной) модели древостоя, которая нуждается в постоянном регулировании густоты, если мы желаем получить к возрасту рубки максимально заполненный деревьями древостой; в то же время, если для нас важен максимальный урожай древесины в промежуточном возрасте, то таблица дает ответ и на этот вопрос, имея шаг возраста 10 лет. Таким образом, в таблице 1.3 отражены состояния максимально продуктивных древостоев в статике, названные «оптимальными». Однако очевидно, что «оптимальность» параметров здесь **максимальная и конечная** и древостой долго сохранять их не сможет, о чем справедливо предупреждает их автор.

Располагая такими параметрами, в глазах лесовода модель ухода за лесом представляет собой последовательность простых действий: приходим в лес, проводим таксацию, делаем расчеты и вырубаем лишние деревья, если мы намерены древостой выращивать далее. Такой подход практикуется давно. Модель управления древостоями здесь также простая: если древостои имеют полноту 0.7 и менее, то регулирование густоты не нужно, если она больше, то необходимы рубки ухода вплоть до приспевающего возраста. Модель имеет столь давнюю историю, что кажется незыблемой.

Однако в ее сути, в идее древостоев-эталонов с полнотой 1.0 к возрасту рубки, кроется один неясный момент. Из *каких* древостоев сформировались эти эталоны? Какими они были 20, 40, 80 лет назад? Было ли на них воздействие рубками ухода, или они формировались без них? Какая у них была структура и густота в среднем возрасте и в молодняках? Трудность ответа на эти вопросы – давняя проблема лесоведения, для решения которой нужны стационары и наблюдения на них многие десятилетия, о чем неоднократно напоминал В.В. Кузьмичев (1977, 2013). Поэтому, в конечном счете, модели ухода за лесом гипотетичны точно так же, как и модели статичных состояний древостоев (таблицы хода роста), о которых мы говорили выше.

В этой связи становится отчасти понятным, почему практика прореживаний и проходных рубок в чистых древостоях привела к столь негативным последствиям для спелых древостоев. Наиболее авторитетной работой в этом плане до сих пор остаются работы С.Н. Сеннова (1984, 1999, 2005), посвященные анализу рубок ухода, начатых на стационарных объектах еще в 1930-е годы.

Как раз в эти годы была высказана идея увеличения площади питания у деревьев с целью усиления их прироста, и получил распространение интенсивный уход за т. наз. «деревьями будущего». В учебнике (Сеннов, 2005), при подведении итогов 60-летних наблюдений за такими опытными рубками в ельниках рассматривается пример со 112 «деревьями будущего», оставленными в возрасте 40 лет. Автор характеризует их начальные размеры только распределением по ступеням диаметра: 20 см – 10%, 16 см – 30%, 12 см – 52% и 8 см – 8%, из чего можно полагать, что оставляли деревья с первого по четвертый классы Крафта, равномерно и одиночно оставляя их по площади. Оказалось, что в конце периода наблюдений при сравнении деревьев с наибольшей представленностью, с начальными диаметрами 16 и 12 см, прирост по диаметру за 60 лет у них достоверно не отличался от контроля, имевшего такие же диаметры. Такой же результат был получен при уходе за елью в лиственно-еловом древостое, где рост ели не зависел от расстояния до ближайшего дерева березы: сила влияния исходного диаметра на выживаемость ели оказалась равна 43%, а влияние расстояния до березы – 8% и во втором случае было недостоверно (Сеннов, 2005, с. 193-194).

На основании этих данных автор делает вывод о том, что развитие дерева слабо зависит от размеров соседних деревьев и от расстояния до них. Но самым поразительным результатом интенсивного освобождения от соседей для «деревьев будущего» оказалась их *собственная гибель* (отпад) по точно тем же причинам и с такой же интенсивностью, что и на контроле. Этот странный и неожиданный результат автор учебника объясняет лишь предположениями о влиянии корневой конкуренции и микроусловиями, оставляя читателя в недоумении, почему же так произошло, причем такие же неудачи были и у лесоводов в Германии (Сеннов, 2005, с. 34-39).

Следует отметить, что в опытах, описанных С.Н. Сенновым, густота и полнота древостоев до начала рубок ухода (в 40 лет) была очень высокой, и они вполне подходили для прореживаний, для которых по классическим представлениям лесоводства нужно было дожидаться дифференциации деревьев по классам Крафта, что происходило в стадии «чащи», т.е. при полнотах, близких к 1.0 и вариант ухода за «деревьями будущего» был очень интенсивным и удалялось до 70-80% деревьев в несколько приемов!

Подводя итоги 60-летних исследований в другой своей работе С.Н. Сеннов доказывает (Сеннов, 1999), что производительность древостоев прореживаниями и проходными рубками повысить невозможно. Он считает, что программы ухода за лесом, основанные на таблицах хода роста полных древостоев, обладают техницизмом и рецептурностью, вероятно, имея в виду практику их применения, где программы ухода состояли из нескольких шагов (рецептов воздействия), слабо увязанных со знаниями о природе леса (Сеннов, 2005, с. 83).

Вполне очевидно, что знания такого рода нуждаются в общих представлениях о *модели развития* хотя бы простого древостоя. Моделей таких мало (но много таблиц хода роста в статике), следовательно, прогноз развития будет неясным и декларация о благих целях таких рубок не поможет. Отметим, что опыты С.Н. Сеннова были заложены в 35-40-летних молодняках и, как сейчас выясняется, рубки эти запоздали.

Почему же деревья, получившие в несколько раз большую площадь питания, не ответили на это воздействие увеличением прироста? Почему они нас «не слушаются»? На наш взгляд, причинами «безразличия» деревьев к уходу за ними в указанном возрасте (около 40 лет) являются некие общие свойства древостоя как целого в этот период: во-первых, наличие определенного типа развития, в котором есть фаза прогресса и регресса и воздействие на древостой, скорее всего, было уже в фазе регресса; во-вторых, групповое размещение деревьев, которое является неотъемлемым свойством древостоя, и которое было разрушено рубками. О биогруппах С. Н. Сеннов говорит следующее: «...групповое размещение деревьев в ельниках в 40-45 лет, отмеченные на старых схемах пробных площадей, сохранились и спустя 60 лет (Сеннов, 2005, с. 39); при этом деревья, оставшиеся в одиночестве после разреживания биогрупп, не увеличили свой прирост по сравнению с контролем (Сеннов, 1999).

Очевидно, групповая структура древостоев является их атрибутом, однако по классическим правилам лесоводства биогруппы необходимо разреживать. Этот тезис появился очень давно из гипотетического предположения, которое только кажется абсолютно бесспорным, что деревья конкурируют между собой за элементы питания и чем ближе они друг к другу, тем конкуренция сильнее; поэтому для ее снижения деревья надо отдалить друг от друга. И тезис этот убедительно доказали лесные культуры, где деревья растут быстрее благодаря равномерному расположению. Однако со временем и в них образуются неравномерности в густоте, сохраняющиеся до спелого возраста (Нестеров, 1961).

Значит, в теории лесоводства и его моделей ухода и выращивания леса было что-то не так, и нужно было с пристрастием проверить и модели, и теорию. Но почему-то «Правила ухода за лесами» как в 1980-е годы, так и их последний вариант (Правила..., 2007) как бы «не замечают», что давний постулат о том, что оптимизация густоты в средневозрастных насаждениях *должна приводить* к увеличению прироста древостоя – все еще не доказан. Вероятно, этот постулат не будет опровергнут до тех пор, пока не исчезнет сама идея получения прибыли от «коммерческих» рубок ухода.

На наш взгляд, проблема может быть решена на основе принятия другой идеи, а именно, понимания того, что воздействие на ценоз эффективно в фазе его прогресса. В древостое ее можно отождествить с повышающимся текущим приростом. Как только он начинает падать – древостой стареет. Но деревья при этом увеличивают свои размеры, и это вводит в заблуждение. Таксаторы оперируют техническими понятиями о спелости леса (достижением нужного диаметра) и поэтому биоразвитие ценоза отходит у них на задний план.

Видимо, тезис о разреживаниях справедлив для древостоя в целом, но «не работает» в биогруппах. Тем не менее, идея тотального равномерного расположения деревьев с помощью рубок продолжает вербовать своих сторонников, сознательно не замечающих этой отличительной черты древостоев, в особенности среди адептов «коммерческих» рубок ухода.

Интересна и докторская диссертация Л.М. Биткова (2009). В сложных ельниках Калужской области, в районе смешанных лесов, в онтогенезе ели европейской Л.М. Битков выявил две стратегии жизненного состояния (фазы, циклы биоритма): активную и пассивную, отличающиеся метаболизмом и продолжительностью в несколько десятилетий, обуславливающих реакцию ели на прореживания и проходные рубки, с резистентностью к корневой губке и вредителям в фазе высокой скорости роста и успешной колонизацией местообитаний, с повторяемостью урожаев через 4.4 лет в активной и через 8.3 лет – в пассивной фазе.

Модели ухода за лесом совершенно не учитывают эту концепцию, подтверждение которой наблюдалось в виде массовой гибели ельников в конце 20 – начале 21 века от засух и повреждений вредителями (Ковалев, 2002; Чупров, 2008), а также более интенсивного заражения ели после проходных и санитарных рубок, которое происходит именно в пассивную фазу (Битков, 2008).

Есть много и других работ, обсуждать которые можно и нужно; мы лишь хотели показать, что идеи моделей ухода за лесом нуждаются в длительной проверке. Сведения о развитии (динамике) древостоев получают сейчас обычно косвенным методом, изучая ценозы, составляющие пространственные сукцессионные ряды. Однако само предположение о том, что изучение изменений *во времени* можно заменить исследованием изменений ценозов *в пространстве*, вносит субъективизм в исследования уже на начальных этапах исследования еще при сборе данных (Кузьмичев, 2013).

В этой связи отметим, что до сих пор ход роста за 100 лет наблюдений на более чем сотне пробных площадей в опытной даче Тимирязевской сельхозакадемии (Итоги…, 1964) детально не проанализирован, и даже самые приближенные модели роста этих древостоев не составлены; известен лишь математический анализ их предельных состояний (Кофман, Гуревич, 2001), а также использование этих данных в качестве аргументов в обоснование влияния начальной густоты на ход роста древостоев культур (Нагимов, 2000; Рогозин, Разин, 2012).

1.7. Уход за лесом и биогруппы

Впервые о групповой структуре древостоев упоминают И.В. Логвинов (1955) и Н.Д. Лесков (1956). В опытной лесной даче Тимирязевской сельхозакадемии в спелых насаждениях группы растений и «пустые» места образовывались независимо от того, возникали ли древостои естественно или создавались культурами разной густоты (Нестеров, 1961). На Урале биогруппы изучались В.В. Плотниковым (1968). Однако в аридной зоне в распределении расстояний между растениями не найдено отклонений от случайного (Жирин, 1970), обнаружено и многообразие их распределений (Патацкас, 1964).

Детальный анализ размещения деревьев по территории в синузиях подроста, молодняках, средневозрастных, приспевающих и спелых насаждениях сосны, ели и березы с анализом частот наименьших расстояний между деревьями показал (Ипатов, Тархова, 1975), что на всех участках обнаружено групповое размещение деревьев и, например, в приспевающих и спелых насаждениях встречаемость групп у сосны с расстоянием между деревьями 65-204 см имеет частоту 28-50%; у ели в распределении наименьших расстояний наблюдаются пики со средним расстоянием между деревьями 50-122 см и на таких расстояниях встречается 44-48% растений. Эти результаты подтверждаются и другими публикациями (Комин, 1973; Бузыкин и др., 1983; Василевич, 1969), и все вместе они свидетельствуют о том, что в природе хотя и наблюдается случайное размещение травянистых и древесных растений, но преобладает групповое, контагиозное (Ипатов, Тархова, 1975).

Исследования в этом направлении показали, что групповая структура свойственна насаждениям сосны обыкновенной, где деревья территориально чаще всего располагаются неравномерно (Грейг-Смит, 1967; Зайченко, 1973; Юкнис, 1978; Грибанов, 1993; Лебков, 1992; Чудный, 1976) и ели тянь-шаньской (Проскуряков, 1981а), где в пространственной структуре насаждений биогруппы выступают как управляющие центры (Проскуряков, 1981б).

В хвойных насаждениях Северо-Запада РФ деревья-лидеры с раннего возраста и до 30-40 лет размещаются нерегулярно, что создает неравномерное накопление запаса по площади насаждения (Маслаков, 1984); далее биогруппы сохраняется до возраста спелости, причем их разреживание рубками ухода существенно не увеличивает прирост оставшихся растений (Сеннов, 1999). В последних работах этого региона (Мартынов, 2010) было показано, что групповая структура в насаждениях имеет место и с возрастом приближается к случайной (но не становится случайной полностью), подтверждая исследования в Сибири (Бузыкин и др., 1983; Грибанов, Кузьмичев, 1985).

При этом в средневозрастных древостоях характер размещения деревьев предопределяют местоположения деревьев-лидеров в молодняках (Маслаков, 1999). В наших исследованиях в рядовых культурах сосны 40-летнего возраста у рядом растущих деревьев сходство (корреляция) 15 приростов по высоте оказалось достоверно выше, чем у любых других сравниваемых пар деревьев (Рогозин, 1980). В географических культурах структура древостоев также неоднородна (Малышев, Щербакова, 1983).

Перечисленные выше работы по горизонтальной структуре древостоев, рассматривающие биогруппы деревьев как природное явление, убедительно показывают, что в развитии древостоя действует множество законов, о которых мы еще не знаем и действие которых проявляется как многообразие «случайных» сгущений деревьев. Биогруппой считают скопление нормально развитых деревьев (не менее двух); в раннем возрасте к ним относят деревья-лидеры или, в другой трактовке, деревья будущего. Критерием биогруппы можно принять расстояние между соседствующими деревьями в пределах, например, до 2.5 м, так как в спелых древостоях 1-2 класса бонитета расстояние между деревьями, рассчитанное по густоте из таблиц хода роста, составляет около 4 м и расстояния менее 3 м можно считать скоплением деревьев, а более 6 м – окнами в пологе древостоя.

При исследовании динамики искусственных биогрупп в культурах сосны в Опытном лесничестве БГИТИ, созданных площадками из 144 и 50 сеянцев, было выяснено, что площадки, которые вначале прижились, в последующем в 31–34% случаев оказались пустыми или без наличия деревьев-лидеров в 38–47 лет (Марченко, 1995, с. 109). Брянская школа лесоводов изучает вопрос о встречаемости биогрупп в насаждениях с 1973 года (Марченко, 1973). Так, в структуре 160-летнего сосняка лещинового состава 7С3Е обнаружено, что 37% деревьев сосны и 39% деревьев ели размещались биогруппами

(Марченко С.И., 1983). В культурах сосны 13, 29 и 48-летнего возраста в Черниговской области 48% лучших деревьев располагались на расстоянии 2.5 м и менее, из которых 18% росли ближе 1.5 м (Марченко, Брайко, 1985). В 35-летних культурах сосны с полнотой 1.0 57% лучших деревьев располагались в биогруппах, в т.ч. 18% росли ближе 1.5 м друг от друга, при этом различия в диаметрах одиночных деревьев и деревьев в биогруппах оказались несущественны (Марченко и др., 1983).

Нам нередко встречались биогруппы из очень старых деревьев (рис. 1.8).

Рис. 1.8 –   Даже в самых старых лесах деревья нередко растут биогруппами. Это явление можно считать своеобразным атрибутом древостоя

Научный   поиск   в   этом   направлении   позволил предположить, что случайное размещение деревьев на самом   деле   совсем   не   случайно   и   обусловлено биофизическими взаимодействиями в системе Земля-растение. Образование прогалов и скоплений деревьев вызвано наличием дискомфортных и благоприятных зон. В последних растения растут ближе друг к другу и от 28 до 57% из них образуют группы. Эти закономерности привели И.С. Марченко (1995) к выводу, что необходимо изменить всю систему лесоводства, основанную на принципах равномерного размещения деревьев и на том, что древостой представляет собой совокупность растений, организованных борьбой за существование, в свете которых в основном и рассматривалась структура и взаимодействия в сообществах растений в учебниках (Ткаченко, 1962; Мелехов, 1980; Одум, 1986; Реймерс, 1994). Предложено отказаться от этих принципов и заложить в основу лесоводства принцип группового размещения деревьев по биологически активным зонам; в БГИТА разработан даже учебный курс «Нетрадиционное лесоводство» (Марченко И.С., Марченко С.И, 1998).

Все изложенное выше о биогруппах позволяет утверждать, что неравномерное размещение деревьев по площади в виде биогрупп является неотъемлемым свойством древостоя (атрибутом) и его необходимо учитывать во всех предписываемых правилах, технологиях, рекомендациях и моделях выращивания и ухода за лесом.

1.8. Модели выращивания

Эти модели основаны на реальных опытах выращивания лесов, в основном искусственных, и существует множество примеров получения очень продуктивных древостоев. В России есть посадки лиственницы европейской (Larix decidua Mill.), проведенные в 1738 г. вблизи С-Петербурга, известные под названием «Линдуловская роща». Они были проведены с посадкой саженцев очень редко, с густотой 555 экз./га и в возрасте 160 лет имели густоту 395 экз./га, высоту 37.7 м, диаметр 48 см, сумму площадей сечения 70 м^2/га и запас 1179 м^3/га. Последние измерения показали (Рыжкова, 2011), что на одном из участков в 270 лет запас составляет 1632 м^3/га, диаметр колеблется от 23 до 101 см, а максимальная высота составляет 45 м. Это самые старые посадки леса в России.

Лесовод К.Ф. Тюрмер в Подмосковье в 1860 гг. также высаживал лиственницу. На шести самых продуктивных участках в возрасте 141-149 лет ее средняя высота достигла 43-45 м, и запасы составляют 929-1497 м^3/га (Рубцов и др., 2011).

В Пермском крае имеется богатейший опыт выращивания лесных культур, заложенных в конце 19 – начале 20 века лесничими имения Строгановых на Урале А.Е и Ф.А. Теплоуховыми. После обследования десятков участков этих культур, отличавшихся разнообразием схем посадки, смешения пород и почвенных условий, были обнаружены рекордные по продуктивности культуры сосны в возрасте 65-83 года (8 участков) и культуры ели в возрасте 68-89 лет (6 участков). Оказалось, что сосна в этом возрасте накапливает запасы 594-738 м^3/га, а ель – 408-619 м^3/га. Особенно важным было то обстоятельство, что сосна выращивалась на типичных «еловых» суглинистых почвах в условиях временного избыточного переувлажнения, но качество древесины сосны и ее плотность оказались при этом высокими, и длительный научный спор о ели и сосне был решен в пользу сосны, как наиболее универсальной породы (Прокопьев, 1981).

Были найдены и наиболее удачные варианты смешения сосны с елью. Когда в еловые посадки вводилось 10-20% сосны, то к 70-80 годам древостой обладал высокой устойчивостью к корневым гнилям и давал особенно крупные стволы сосны. Общий запас древесины сосны и ели достигал в таких посадках 671-697 м^3/га. Наилучшие же естественные древостои сосны и ели в таежной зоне достигают запасов 350-400 м^3/га, причем только в возрасте

90-130 лет. То есть при искусственном выращивании хвойных лесов накопление запасов древесины ускоряется в два раза (Прокопьев, 1981).

В 1970-е годы широко пропагандировалась высокая продуктивность культур лиственницы и ее повсеместное внедрение (главным образом в работах В.П. Тимофеева). Два наиболее продуктивных ее участка в Очерском районе, созданные в 1902 г., в 73 года имели высоты 27-28 м и запасы 515-771 м³/га. Для нее нужны плодородные и дренированные супесчаные и легкосуглинистые почвы, которые относительно редко встречаются в Прикамье. Наиболее распространены здесь суглинки с временным переувлажнением, где лиственница превышает по высоте сосну на 10-12%, но в чистых древостоях сильно изреживается и в конечном счете дает более низкие запасы древесины в сравнении с сосной (Прокопьев, 1981).

В начале 1980-х годов особый интерес в России был проявлен к культурам «плантационного типа». Под ними понимались посадки, разреженные до оптимальной густоты и позволяющие выращивать древесину для нужд целлюлозно-бумажной промышленности к возрасту 50-60 лет. Некоторые из участков культур ели, созданные в 19-20 веке лесничими А.Е и Ф.А. Теплоуховыми, представляли идеальные объекты для выяснения оптимальных параметров выращивания таких культур, и в специальной главе далее мы рассмотрим разработанные по ним модели их выращивания.

Выращивание разреженного леса называется сейчас «плантационным лесоводством» (Плантационное..., 2007), так как используются не только лесные культуры, но и естественно появившийся молодой лес. В реализованных моделях такого выращивания была поставлена цель – проверить идею воздействия на структуру древостоя разреживаний, проведенных в более раннем возрасте, чем было принято, а также с самого начала выращивать культуры с пониженной густотой (рис. 1.9).

Рис. 1.9 – Изреживание культур ели в возрасте 21 год с оставлением оптимального числа деревьев

Оказалось, что выращивание леса с понижением густоты в самом раннем возрасте значительно повышает производительность древостоев (Рябоконь, 1990; Большакова, 2007; Мерзленко, Бабич, 2011).

Модели выращивания в указанных источниках были разработаны на основе наблюдений (моделированием по историческому способу) и в этом плане их можно считать верифицированными. О повышенной производительности древостоев, имеющих малую начальную густоту, свидетельствуют также модели развития культур ели, разработанные на основе закономерностей и законов, общих для естественных и искусственных древостоев (Рогозин, Разин, 2012), о которых речь пойдет в следующих главах.

2. МОДЕЛИРОВАНИЕ И ЗАКОНЫ РАЗВИТИЯ ДРЕВОСТОЕВ

2.1. Методика моделирования и законы морфогенеза

Изменение во времени состояний и биометрических показателей признаков древостоя принято называть ходом роста, или возрастной динамикой, или просто динамикой древостоя. Данные, характеризующие эти состояния, служат основой для составления таблиц хода роста древостоев. Конструкция таблицы внешне проста и включает оформленные в возрастной ряд до 20 взаимозависимых показателей, характеристики и связи между которыми выясняют в процессе ее разработки. Процесс состоит из множества операций, в ходе которых подбирают уравнения связи или их графические аналоги в виде выравненных линий связи между показателями, после чего динамика каждого показателя представляет собой модель его развития. Сумма этих частных моделей образует общую сложную модель динамики древостоя – конструкцию в виде упомянутой таблицы. Процесс составления таких таблиц с 1970-х гг. стали называть моделированием хода роста и производительности древостоев (Закономерности..., 1976; Разин, 1977; Загреев, 1978; Свалов, 1979; Тябера, 1982).

Таблицы хода роста древостоев необходимы для многих целей: прогнозирования прироста и отпада, накопления запасов древесины и фитомассы, размеров пользования древесиной, установления возрастов главной рубки. Поэтому в последние годы большое внимание уделяется вопросам разработки более совершенных методов изучения и моделирования хода роста древостоев, а также составлению таблиц, отображающих наиболее вероятную динамику древостоев в различных лесорастительных условиях.

Объем выполненных работ в наших исследованиях составил 349 пробных площадей таксации, в том числе:

- в естественных еловых древостоях 306 пробных площадей, из них 53 с повторными наблюдениями, в возрасте от 10 до 120 лет;

- в лесных культурах ели 43 пробных площади, из них 4 с повторными наблюдениями, в возрасте 18-89 лет.

На этом материале были составлены 15 моделей развития естественных еловых древостоев, 4 модели развития лесных культур и 3 модели выращивания лесных культур с разным временем начала рубок ухода.

Однако ранее, в 1970-е гг., кроме этих моделей специально для лесоустроителей мы разработали также обычные стандартные таблицы запасов и площадей сечений, а также эскизы таблиц хода роста древостоев сосны, ели, березы и осины с полнотой 1.0 по бонитетам. Для них мы использовали упомянутый материал в естественных ельниках, а также материалы других пробных площадей, заложенных в равнинных и горных лесах Урала. Эти таблицы до сих пор используются в практике таксации лесов в Пермском крае и не вызывают нареканий (Разин, 1977б).

Работы по вопросам моделирования хода роста древостоев начались нами в 1960-е годы (Разин, 1965,1967), в результате которых были разработаны методические рекомендации «Изучение и моделирование хода роста древостоев различной густоты», одобренные Ученым советом ЛенНИИЛХ (Разин, 1977а). В кратком изложении их суть и отличия состояли из следующих позиций.

Для изучения хода роста одновозрастных древостоев осуществляют поиск естественного возрастного ряда, состоящего из древостоев, отличающихся гомогенностью. Общее представление о нем даёт определение проф. Н.В. Третьякова (1937): «...к одному естественному гомогенному ряду относятся древостои различных возрастов, имеющие одинаковые экологические и биологические условия произрастания и происхождения, роста, воспитания и т. д.».

Главные учитываемые факторы были следующими:

I. Лесорастительная зона и подзона (в современной интерпретации) – Пермско-Камский южнотаёжный экорегион, код 572 (Швиденко и др., 2008).

II. Тип условий местопроизрастания (ТУМ) – С2, С2-3, на суглинистых свежих и свежевлажных почвах.

III. Тип древостоя – одновозрастной, чистый, одноярусный еловый.

IV. Начальная густота – в возрасте Аср=10 лет.

V. Степень вмешательства человека – вырубка лиственных пород в молодняках и уборка сухостоя.

VI. Влияние экзогенных природных факторов – при существенном их влиянии пробные площади исключались из дальнейшей обработки.

Для определения ТУМ по почвенно-грунтовым и другим характеристикам использована классификация Погребняка-Алексеева. Окончательные выводы по идентичности условий делались с учётом количественного признака – видовой высоты древостоя (относительного запаса) $HF=M/\sum g$, м^3/м^2.

В общем виде процесс моделирования состоит из следующих операций.

1. Строится график $(HF)ср=f(Aср)$ и проводится выравненная средняя линия по точкам расположения HF. Вдоль нее проводятся две линии, ограничивающие область нормативного отклонения: для молодняков от +15 до –15%, для средневозрастных – от +10 до –10%, а для приспевающих и старше – от +7 до –7%. На этот же график наносятся значения HF для древостоев и других пробных площадей, предварительное определение ТУМ которых было сомнительным, и если HF этих проверяемых древостоев оказывалось в пределах допустимых отклонений, то они тоже признавались находящимися в одном естественном ряде.

2. Разделение совокупности древостоев на классы по начальной густоте является наиболее сложной процедурой и осуществляется вначале с использованием среднего диаметра древостоя (Дср). Для этого строится график зависимости среднего диаметра от возраста Дср=f(А) по всем пробным площадям. На этом графике вся плоскость – это область значений диаметров, которая ограничивается крайними линиями. Она была разделена в нашем случае для 15 классов густоты на 15 полосок одинаковой ширины в каждом классе возраста. Каждая полоска отражает возрастной ряд изменяющихся значений диаметра, относящихся к одному классу густоты.

3. Дополнительными, а часто и обязательными критериями отнесения древостоя к какому-либо классу начальной густоты служат еще 3 показатели, формирующиеся в зависимости от истории густоты древостоя и важные для прогноза его развития:

- условный средний сбег стволов (К = Дср / Нср, см/м), а также коэффициент формы ствола q_2, который зависит от густоты древостоя (Моисеенко, 1965);

- средняя длина кроны по отношению к высоте ($L_{кр,}$);

- средний диаметр кроны, отнесенный к средней высоте ($Д_{кр}$: Н).

Для древостоев ели по начальной густоте нами была создана их классификация (табл. 2.1).

Таблица 2.1 – Классификация древостоев ели по начальной густоте

Группа густоты	Номер класса густоты – начальная густота в возрасте 10 лет, тыс. шт./га		
Очень густые	1 – 172	2 – 62	3 – 32
Густые	4 – 20	5 – 14	6 – 10
Средней густоты	7 – 7.9	8 – 6.3	9 – 5.1
Редкие	10 – 4.2	11 – 2.9	12 – 2.2
Очень редкие	13 – 1.65	14 – 1.29	15 – 1.03

4. Далее для всех пробных площадей, попадающих в полоски по начальной густоте, строится область значений (поле корреляции) и подбирается тренд зависимости от возраста всех необходимых для моделирования показателей: H=f(A), Hf=f(A), Дкр=f(A), Lкр=f(A), N=f(A). С линий трендов берутся отсчеты значений показателей по ступеням возраста (через 5 или 10 лет) и заносятся в пустые ячейки таблицы.

Такова кратко суть нашей методики. Интересующиеся подробностями могут обратиться к ее первому описанию, изложенному на 43 стр. в брошюре «Изучение и моделирование хода роста древостоев на примере ельников Пермской области» (Разин, 1977), которая в неизменном виде как копия помещена в приложении 2.

Однако в период острых дискуссий в 2010-2012 гг., посвященных применению этой методики, а также обсуждению полученных при этом моделей развития древостоев (этой дискуссии будет посвящена глава 4), мы убедились в непонимании оппонентами самых главных, ключевых и критических моментов (предельных состояний) в развитии древостоев, на открытие которых, собственно, и была нацелена наша методика, и наши ТХР интерпретировали эти предельные состояния. Поэтому здесь мы даем подробные пояснения, которых не было в первой статье (Разин, Рогозин, 2010), послужившей основой для этой дискуссии и в которой впервые были представлены 15 моделей развития (хода роста) еловых древостоев в зависимости от начальной густоты. Пояснений будет четыре.

Во-первых, к сообществам древесных растений (древостоям) в целях моделирования всего спектра их состояний мы относили и давно заброшенные, загущенные посевы в питомниках, а также самые редкие по наблюдаемой густоте древостои, иногда с расстоянием между деревьями в самом раннем возрасте в среднем 3-4 м, которые в традиционных методах моделирования динамики продуктивности просто отбрасывают, как резкие отклонения от «нормальности».

Во-вторых, мы принимали как не требующее доказательства утверждение о том, что с первых лет жизни в древостоях начинается дифференциация деревьев – качественное разделение их по росту и развитию – которая является следствием конкуренции и чем густота больше, тем интенсивнее конкуренция, приводящая к отпаду части растений. Для оценки конкуренции мы использовали два разных показателя: коэффициент перекрытия кронами занимаемой площади (сомкнутость крон, «Скр») – показатель, почти не используемый таксаторами, и знакомый всем лесоводам показатель «сомкнутость полога» (Сп). Последний ограничен значением 1.0, тогда как сомкнутость крон может достигать в парцеллах подроста значений 2.0 и более.

В третьих, исследования мы начали с того, что искали предельно густые ценозы в самом разном возрасте. Далее, принимая достаточно условно высоту за независимую переменную (конечно, она зависит от возраста и густоты, но как зависимую переменную ее мы проанализировали потом) мы вначале получили следующую модель состояний древостоев (табл. 2.2).

Таблица 2.2 – Предельные значения некоторых показателей, при средней высоте, достигнутой древостоями ели

Средняя высота, м	1	3	5	7	9	11	13	15	20
Сомкнутость крон, $м^2$/ $м^2$	2.60	1.95	1.81	1.67	1.54	1.45	1.38	1.33	1.24
Густота, тыс. шт./га	172	70	16	8.3	4.9	3.3	2.3	1.73	0.96
Площадь кроны среднего дерева, $м^2$	0.15	0.28	1.13	2.03	3.13	4.45	5.97	7.70	13.0

Понять эту модель можно быстрее, если представить ее составление, как процесс поиска для нее данных в натуре, начиная с самых молодых ельников. Например, при средней высоте 1 м нами была найдена максимальная сомкнутость крон, равная 2.60 м^2/м^2, т.е. на 1 м^2 площади приходилось 2.6 м^2 проекций крон деревьев; при таком перекрытии кронами напочвенный покров практически отсутствует, тип леса определить затруднительно и он может быть назван «мертвопокровным». Этот совсем еще маленький ельник имел очень высокую густоту – 172 тыс. шт./га и малую площадь кроны одного дерева (0.15 м^2). Это был крайний случай, заложенный на заброшенных посевах в питомнике. В дальнейшем повторные измерения на нем не проводили, так как не нашли для него «партнеров» по естественному ряду развития по густоте в старшем возрасте, но нашли другие ценозы с начальной густотой 30-60 тыс. шт./га на старых пашнях, которые и использовали.

Следующая высота 3 м была найдена в другом мертвопокровном ельнике, где предельная сомкнутость крон была 1.95 м^2/м^2 при текущей густоте 70 тыс. шт./га и площади кроны среднего дерева 0.28 м^2. Высоту 5 м также нашли в ельнике с почти полным отсутствием напочвенного покрова, и у него предельная сомкнутость крон и густота закономерно оказались меньше, а средняя площадь кроны дерева увеличилась.

Данная упрощенная модель описывает предельные статичные состояния ценозов ели при некоторой их высоте и дает представление о том, что если мы начнем изучать древостои в разных состояниях и с высокой густотой с самого раннего возраста (а не с 20-30 лет и не выбирая древостои с оптимальной структурой и с близким к нормальному распределением диаметров, как это делают при составлении «нормальных» и «модальных» ТХР), то обнаружим невероятно сомкнутые молодняки, где кроны деревьев прорастают не только в крону соседа, но в крону второго и даже третьего дерева, и площадь их проекций может быть больше пробной площади в 2.6 раза!

Естественно, возникает вопрос, как же древостои преодолеют такой запредельный уровень конкуренции, как будут развиваться далее. Когда мы вновь посетили такие пробные площади через 5-7 лет, то обнаружили сильнейшее изреживание и снижение сомкнутости, причем деревья не увеличили свой прирост, как это можно было бы ожидать после отпада их части и увеличения площади питания у оставшихся. Обнаруженная депрессия (по существу, начало распада ценоза), привела нас к мысли о том, что можно выдвинуть следующую рабочую гипотезу: «разная начальная густота приводит к появлению разных типов развития древостоев, и нахождение предельных значений сомкнутости крон является ключом для поиска этих различных типов развития».

Но в те годы в солидных журналах не допускали к обнародованию такого рода гипотезы; важны были результаты исследований. Мы опубликовали такие результаты вначале в сборнике научных работ Марийского политехнического института (Разин, 1975), а затем и в журнале «Лесоведение», (Разин, 1979), где развитие древостоев по показателю сомкнутости крон было представлено в виде серии пересекающихся колоколообразных кривых с точками перегиба. И вышеприведенная гипотеза прямо следовала из содержания этой статьи.

На основе этих исследований была сформулирована основная закономерность морфогенеза древостоев: сомкнутость крон одноярусных древостоев с увеличением возраста повышается от минимума (0.1-0.2) до максимума (1.0 – 2.0 и более, а затем уменьшается до минимума, равного 0.7-0.5 и менее, по кривой линии с интенсивностью, зависящей от породы, начальной и текущей густоты, равномерности, режима ухода и условий местопроизрастания.

По материалам этой статьи (Разин, 1979), поступившей в редакцию в год выхода нашей методики (Разин, 1977), мы даем здесь более краткое заключение о том, что древостои с начальной густотой примерно от 1 до 67 тыс. шт./га и более проходят три основные стадии развития по показателю сомкнутости:

1) стадию прогресса;
2) состояние предельной сомкнутости;
3) стадию регресса.

В последней нашей работе (Рогозин, Разин, 2015) эту основную закономерность мы сочли возможным отнести к рангу закона и назвать ***основным законом морфогенеза*** простых древостоев, согласно которому каждый древостой один раз за свою жизнь достигает предельных состояний развития по коэффициенту перекрытия крон, сомкнутости полога, сумме площадей сечений стволов, текущему приросту и запасам древесины, после чего снижает их.

В соответствии с этим законом развитие древостоя четко делится на два периода: прогресс и регресс. Для них нужен совершенно разный характер хозяйственного воздействия на древостой – активный на стадии прогресса и пассивный на стадии регресса (Рогозин, Разин, 2015).

По авторегуляции густоты (самоизреживанию древостоя) были выявлены (Разин, Рогозин, 2010а; Рогозин, Разин, 2012) следующие закономерности:

а) отпад деревьев происходит с первых лет жизни;

б) интенсивность отпада зависит от типов местообитания, но значительно больше она зависит от начальной густоты и чем она больше, тем больше и отпад;

в) отпад зависит от коэффициента взаимного перекрытия крон (сомкнутости крон), затем от сомкнутости полога и относительной полноты и с достижением предельных величин этих показателей резко увеличивается; далее, с падением сомкнутости и полноты до 0.9 и менее его интенсивность уменьшается;

г) в отпад попадают в основном деревья, имеющие диаметры ствола менее 0.2-0.5 от среднего и с протяженностью кроны менее 10-12%;

д) изначально густые древостои остаются таковыми только до возраста *начала их распада* и перегущенность в них достигает 10-20 раз;

е) авторегуляция густоты долго не приводит древостои к оптимальной густоте с точки зрения здравого смысла хозяйствующего субъекта-человека. Ценозы не имеют такой цели; у них имеется свое целеполагание – сохранить как можно большее число членов сообщества и как можно более длительное время. Такая цель складывается в виде интегрирования целей всех его членов, где каждый борется за жизнь до последних возможностей;

ж) авторегуляция густоты хотя и действует непрерывно, но запаздывает и даже редкие смолоду древостои оказываются со временем перегущенными; поэтому наиболее долголетними оказываются древостои, сформировавшиеся без взаимного угнетения деревьев.

Следует пояснить, что наша знаковая статья (Разин, 1979) поступила в редакцию журнала «Лесоведение» в феврале 1977 г.; в этот же год вышла и книга В.В. Кузьмичева «Закономерности роста древостоев», в которой на одном из рисунков (Кузьмичев, 1977, с. 143) были хорошо видны отрезки линий развития абсолютной полноты, близкие по смыслу к нашим колоколообразным кривым. Похожие линии полноты приводит В.В. Кузьмичев далее и в своей диссертации (1980), где делается категоричный вывод о том, что необходимо изменить принципы составления ТХР. Ранее им уже был сделан вывод, что «...начальные условия во многом определяют развитие древостоя. Рост его происходит совсем не по тем закономерностям, которые отражены в таблицах хода роста. Для их выявления требуются ... новые методы изучения хода роста» (Кузьмичев, 1977, с. 146).

Это пояснение очень важно, ибо позволяет понять, что именно в конце 1970-х гг. были открыты новые закономерности в развитии древостоев. Возвращаясь к высказанной гипотезе и линиям развития сомкнутости крон отметим, что линии эти, по существу, предопределяют развитие всех других таксационных признаков, которые оказываются ведомыми по отношению к сомкнутости. Об этом почему-то исследователи (и особенно таксаторы) забывали и забывают и, видимо, по давним традициям таксации, считают ведущими в развитии древостоя высоту, полноту и диаметр (они, конечно же, наиболее важны в хозяйственном плане). Но они являются лишь функцией, зависимой от массы и активности фотосинтезирующего аппарата, а крона дерева определяет его мощность.

Это настолько очевидно, что до сих пор нет ничего лучшего для оценки виталитета дерева, чем классы Крафта по степени развития кроны, предложенные еще в 19 веке. Поэтому сомкнутость крон и сумма объемов крон, как характеристики фотосинтезирующего аппарата всего древостоя, теснее связаны с приростом древесины, чем любые другие признаки даже чисто логически. Более тесной, пожалуй, будет связь с биомассой листвы или кроны. Но они настолько трудны для определения, что нам пока неизвестны попытки их использовать в моделировании развития древостоев, хотя уже достаточно много таблиц фитомассы древостоев по классам бонитета (т.е. в статике), например, в работах В.А. Усольцева (Усольцев, 1988, 1998; Усольцев и др., 1993).

Поэтому в целом таблица 2.2 нужна как «нить Ариадны», ведущая на самом первом этапе работ к выходу из лабиринта теоретических заблуждений в моделировании, если поставлена цель составления таблиц *развития* древостоев, а не таблиц их *состояний* в статике. В экологии плотность популяции детерминирует ее развитие (Одум, 1986; Реймерс, 1994), но пока применяемые методы моделирования хода роста, динамики и продуктивности древостоев определяют даже текущую густоту *в последнюю очередь*, не говоря уже о начальной густоте; однако именно она предопределяет развитие всех других признаков древостоев (Разин, 1979).

Наконец, **четвертая важная особенность** нашего моделирования заключалась в использовании пробных площадей с повторными наблюдениями. Для естественных древостоев из 306 пробных площадей таких было 53, а для лесных культур из 43 пробных площадей на четырех были проведены повторные измерения с перерывами от 7 до 15 лет. Это позволило на графиках, в области построения различных линий зависимости на поле среди точек вводить «гид-линии» (ведущие, указывающие линии). Линии эти соединяли две точки повторных наблюдений в одном и том же древостое, полученные с перерывом в 7-15 лет. В этом плане метод Г.С. Разина повторял известный метод Гейера, описанный Н.Н. Сваловым (1979) и гид-линии корректировали линии, имеющие точку перегиба (предельные состояния). Эти точки оказались наиболее важны и их находили, ориентируясь на «мертвопокровный» тип леса, когда сомкнутость была настолько высока, что на почве отсутствовали даже мхи (рис. 2.1).

Выравнивание и подбор линий связи для показателей, меняющихся с возрастом по множеству эмпирических уравнений, т.е. процедура «математического» моделирования, описана во многих источниках (Загреев, 1978; Никитин, Швиденко, 1978; Свалов, 1979), и мы ее здесь не приводим.

Рис. 2.1 – «Мертвопокровный» тип леса при максимальной полноте лесных культур в 30-летнем возрасте

Особо подчеркнем, что необходимость использования «гид-линий» стала для нас очевидной давно, еще в 1960-е гг. сразу после знакомства с книгой «Итоги экспериментальных работ в лесной опытной даче ТСХА за 1862-1962 годы» (Итоги..., 1964), в которой мы нашли сильнейшие изменения классов бонитета с возрастом, о чем уже говорили. В ней же мы обнаружили и данные повторных измерений в культурах, созданных М.К. Турским в 1879 г., по которым можно было бы составить эскизы ТХР сосны в зависимости от вариантов их начальной густоты и именно они и подсказали нам направление поиска закона морфогенеза древостоев. Ниже мы приводим эти данные в таблице 2.3.

Таблица 2.3 – Данные таксации в квартале 6 лесной опытной дачи Тимирязевской СХА в культурах сосны, созданных М.К.Турским. Посадка однолетками, квадратная, 1879 г. (по Итоги..., 1964, с. 318-320)

Воз-раст, лет	Номера пробных площадей, начальная густота культур														
	ПП Я$_1$, 9680 шт./га					ПП Я$_2$, 4610 шт./га					ПП Я$_3$, 2520 шт./га				
	Нср, м	Дср, см	Nтек, шт/га	Σg, м^2/га	Пол-нота*	Нср, м	Дср, см	Nтек, шт/га	Σg, м^2/га	Пол-нота*	Нср, м	Дср, см	Nтек, шт/га	Σg, м^2/га	Пол-нота*
5	-	-	9680	-	-	-	-	4610	-	-	-	-	2520	-	-
15	4.4	5.4	8874	22.0	0.88	5.5	7.0	4202	16.0	0.56	7.0	7.8	2312	9.43	0.29
26	7.0	8.4	7341	**41.1**	**1.28**	8.5	10.5	4028	35.0	1.03	10.3	12.1	2165	24.9	0.71
34	9.0	11.7	4183	40.2	1.16	11.0	13.5	3030	**44.1**	**1.24**	13.0	15.1	2017	32.3	0.89
47	12.8	13.8	2171	30.5	0.87	14.3	15.1	2091	39.7	1.06	16.9	17.0	1480	38.4	1.00
57	15.4	16.4	1360	30.1	0.80	17.0	17.0	1840	38.7	1.01	19.3	19.8	1389	**42.8**	**1.08**
67	17.5	17.9	960	28.2	0.73	18.5	19.0	1045	29.1	0.74	20.6	20.4	980	35.6	0.89
75	19.0	19.5	632	20.9	0.53	20.0	20.2	778	24.9	0.62	21.5	20.9	890	30.6	0.75
80	19.5	20.5	488	17.5	0.44	20.5	21.0	605	20.5	0.52	21.5	21.9	780	29.4	0.72

Примечания: **41,1** – выделены наибольшие значения абсолютной и относительной полноты.

Одним из аргументов критики предложенного нами способа моделирования и наших моделей-таблиц была апелляция к ним, как к частному случаю, который не подтверждается на сосняках, например, в Сибири (Семечкин, Зиганшин, 2010). Данная таблица вполне подтверждает наши позиции по вопросу всеобщего характера упомянутого закона. Разумеется, подробные пояснения оказались возможны только в рамках данной книги. Но когда первые наши 15 моделей были представлены на обсуждение в журнале «Лесная таксация и лесоустройство» в 2010 г., то такие пояснения просто не поместились бы в статье, которая и так занимала 30 страниц. Естественно, их отсутствие вызвало непонимание специалистами, не знакомыми с нашей методикой и ее обоснованием в виде *основной закономерности морфогенеза древостоев*, опубликованной 30 лет назад.

2.2. Модели развития древостоев ели с начальной густотой от 1 до 172 тыс. шт./га

В результате выравнивания данных, меняющихся во времени, по некоторому множеству подобранных эмпирических уравнений, каждая из 15 моделей представляет собой естественный гомогенный ряд, отражающий развитие древостоя ели с определенной начальной густотой. Все 15 моделей приводятся в нашей статье и монографии (Рогозин, Разин, 2009, 2015). Здесь же мы помещаем графики, и общий их вид обнаруживает следующую закономерность: чем меньше начальная густота древостоев, тем лучше они растут по высоте, толщине и объему стволов, а также по диаметру и объему крон (рис. 2.1-2.5).

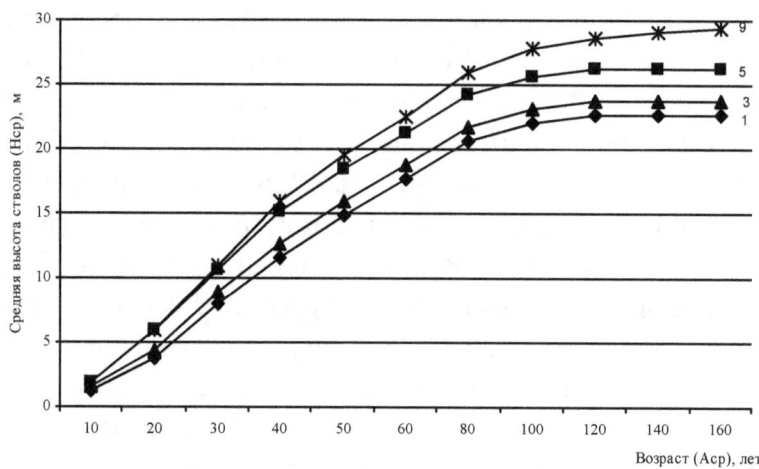

Рис. 2.1 – Динамика средней высоты стволов при начальной густоте, шт/га: *1*–61800; *3*–20300; *5*–5060; *9*–1034

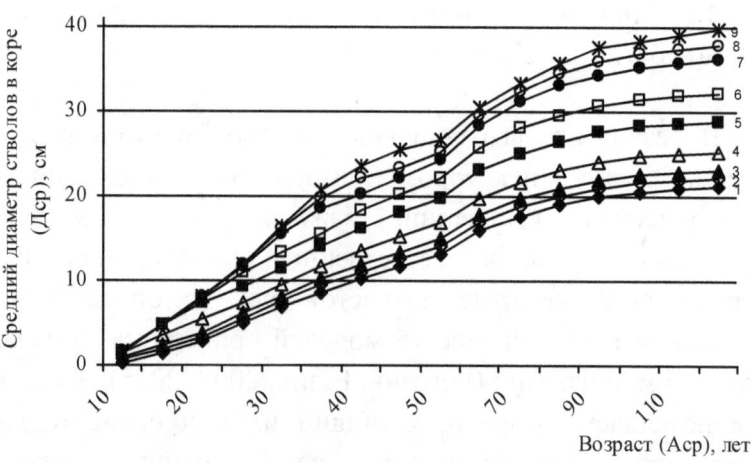

Рис. 2.2 – Динамика средних диаметров стволов (см) при начальной густоте, шт/га: *1*–61800; *2*–31900; *3*–20300; *4*–10300; *5*–5060; *6*–2940; *7*–1650; *8*–1290; *9*–1034

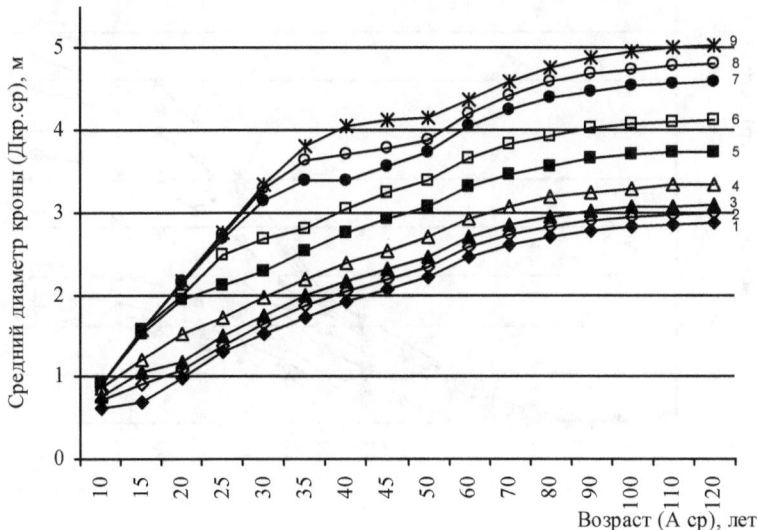

Рис. 2.3 – Динамика средних диаметров крон деревьев (м) при начальной густоте, шт/га: *1*–61800; *2*–31900; *3*–20300; *4*–10300; *5*–5060; *6*–2940; *7*–1650; *8*–1290; *9*–1034

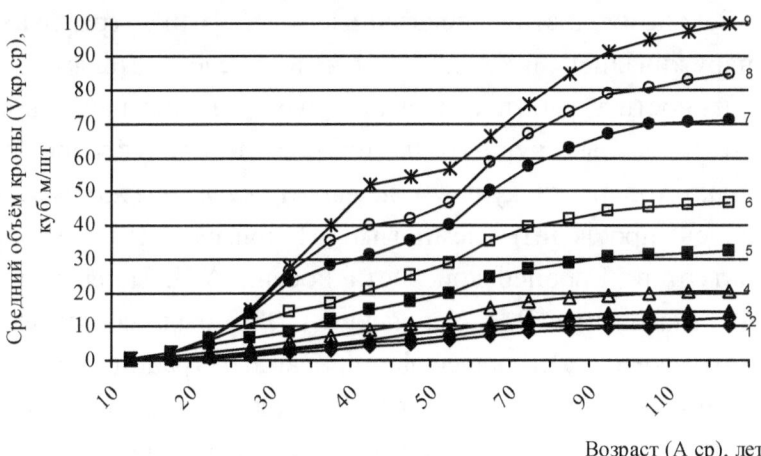

Рис. 2.5 – Динамика среднего объема стволов в коре (м³) при начальной густоте, шт/га: *1*–61800; *2*–31900; *3*–20300; *4*–10300; *5*–5060; *6*–2940; *7*–1650; *8*–1290; *9*–1034

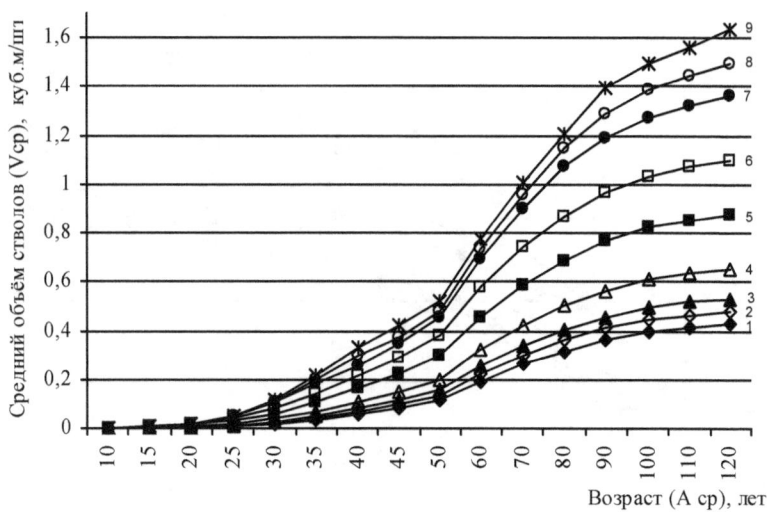

Рис. 2.5 – Динамика среднего объема стволов в коре (м³) при начальной густоте, шт/га: *1*–61800; *2*–31900; *3*–20300; *4*–10300; *5*–5060; *6*–2940; *7*–1650; *8*–1290; *9*–1034

Закономерности, показанные на этих графиках, обнаруживались и ранее другими исследователями, в особенности в работах, посвященных влиянию начальной густоты лесных культур на их рост и продуктивность. Однако ход роста культур *за весь цикл их выращивания* удалось проследить немногим. Например, для лесных культур в Европейской части России А.Н. Поляковым, Л.Ф. Ипатовым и В.В. Успенским (1986) было составлено много эскизов ТХР, классифицированных традиционно по классам бонитета. В других исследованиях ход роста культур описывали фрагментами, отслеживая последствия начальной густоты обычно до смыкания крон и очень редко – до 30 лет.

Сложность моделей динамики с их длительностью, простирающейся за пределы жизни двух–трех поколений ученых, вынуждало изучать развитие древостоя по его частям, поэтому общий ряд его развития получить было очень трудно.

2.3. Законы динамики таксационных показателей древостоя

На следующих семи рисунках (рис. 2.6-2.12) обнаруживается проявление ряда закономерностей и законов в развитии важнейших таксационных признаков древостоя. Так, на рис. 2.6 обнаруживается следующая закономерность: чем больше начальная густота древостоев, тем интенсивнее она уменьшается, но остается большей до возраста спелости, чем у древостоев с меньшей начальной густотой. Это означает, что естественное изреживание (авторегуляция густоты) запаздывает, интенсивность ее слабая и происходит в режиме приоритетного сохранения максимально возможного числа деревьев.

Далее, на рис. 2.7 видно, как древостои достигают свои индивидуальные пределы по сумме горизонтальных проекций крон деревьев, причем их достижение предваряет и начинается по раньше, чем изменения по сомкнутости полога (рис. 2.8), по сумме площадей сечений (рис. 2.9), по сумме объемов крон (рис. 2.10), по запасам и общей продуктивности (рис. 2.11, 2.12).

Для моделей с начальной густотой 62-32 тыс. шт./га пределы по сумме горизонтальных проекций крон наступают уже в возрасте 15 лет, для моделей с начальной густотой 1.65-1.29 тыс. шт./га – в 40 лет, а для моделей с наименьшей начальной густотой 1.03 тыс. шт./га – только в 50 лет (см. рис. 2.7).

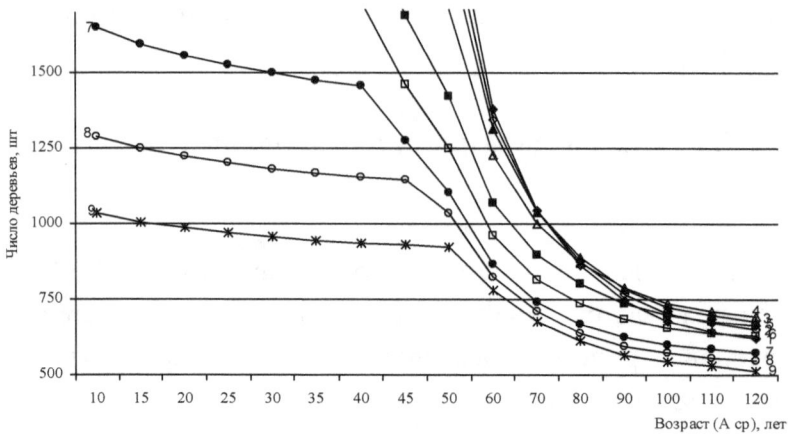

Рис. 2.6 – Динамика числа деревьев (шт./га) при начальной густоте древостоев, шт./га: *1*–61800; *2*–31900; *3*–20300; *4*–10300; *5*–5060; *6*–2940; *7*–1650; *8*–1290; *9*–1034

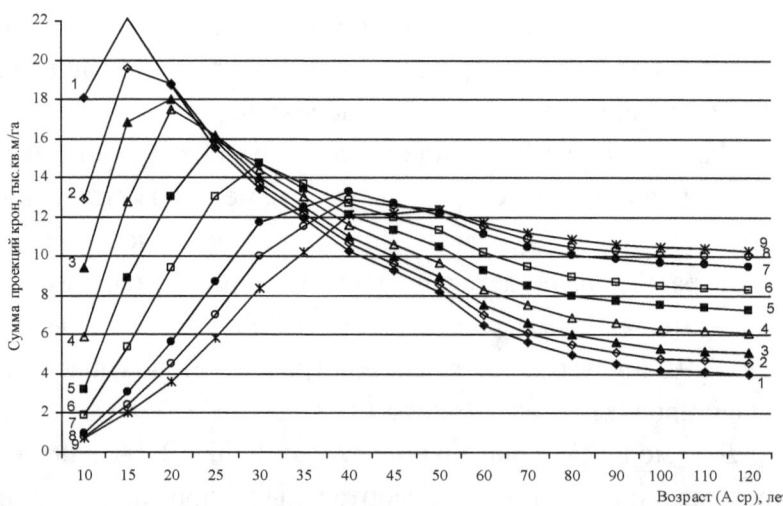

Рис. 2.7 – Динамика сумм горизонтальных проекций крон деревьев (м²/га) при начальной густоте древостоев, шт./га: *1*–61800; *2*–31900; *3*–20300; *4*–10300; *5*–5060; *6*–2940; *7*–1650; *8*–1290; *9*–1034

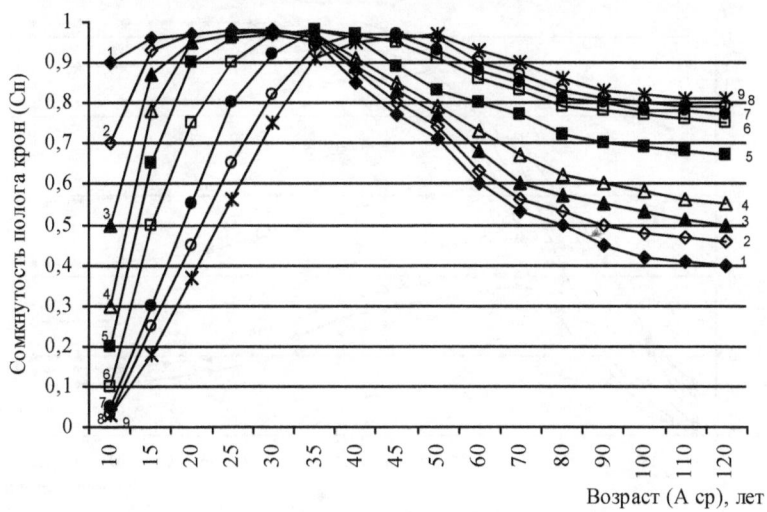

Рис. 2.8 – Динамика сомкнутости полога крон деревьев при начальной густоте древостоев, шт./га: *1*–61800; *2*–31900; *3*–20300; *4*–10300; *5*–5060; *6*–2940; *7*–1650; *8*–1290; *9*–1034

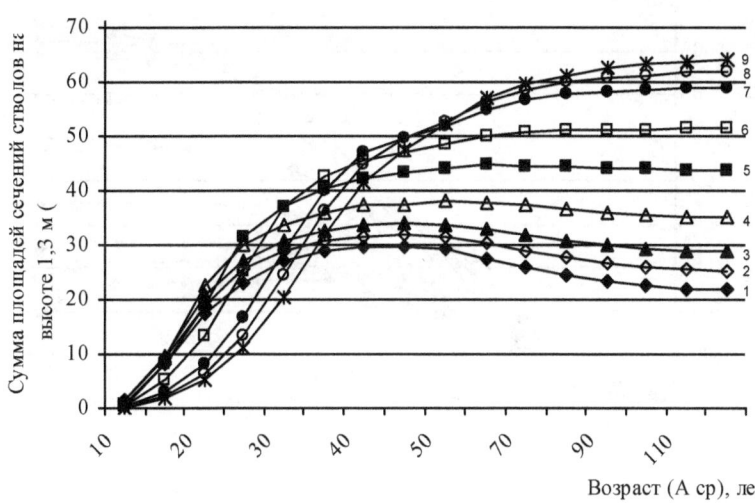

Рис. 2.9 – Динамика суммы площадей сечений стволов ($\sum g$, м²/га) при начальной густоте древостоев, шт./га: *1*–61800; *2*–31900; *3*–20300; *4*–10300; *5*–5060; *6*–2940; *7*–1650; *8*–1290; *9*–1034

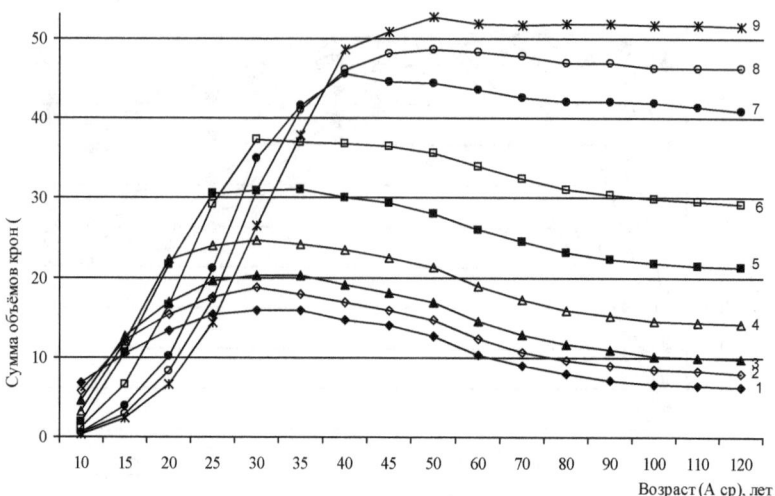

Рис. 2.10 – Динамика сумм объемов крон деревьев (тыс. м³/га) при начальной густоте древостоев, шт./га: *1*–61800; *2*–31900; *3*–20300; *4*–10300; *5*–5060; *6*–2940; *7*–1650; *8*–1290; *9*–1034

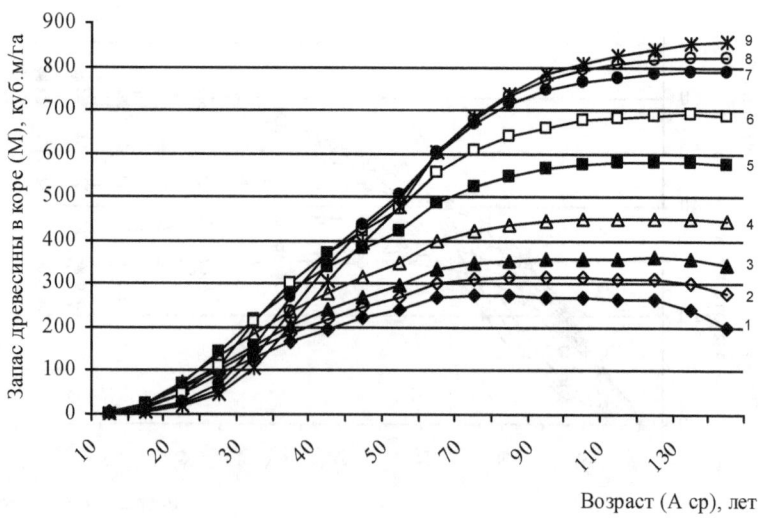

Рис. 2.11 – Динамика запаса древесины в коре при начальной густоте древостоев, шт./га: *1*–61800; *2*–31900; *3*–20300; *4*–10300; *5*–5060; *6*–2940; *7*–1650; *8*–1290; *9*–1034

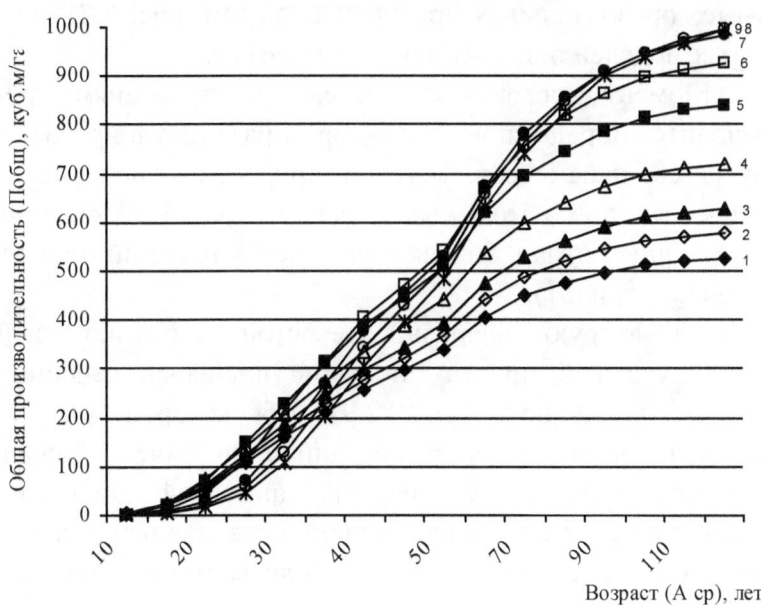

Рис. 2.12 – Динамика общей производительности древостоев (м³/га) при начальной густоте, шт/га: *1*–61800; *2*–31900; *3*–20300; *4*–10300; *5*–5060; *6*–2940; *7*–1650; *8*–1290; *9*–1034

На основании линий развития, показанных выше (см. рис. 2.7), для динамики суммы горизонтальных проекций крон можно сформулировать следующий закон: «чем больше начальная густота древостоя, тем раньше наступает предельное состояние по сумме площадей горизонтальных проекций крон деревьев и тем быстрее в дальнейшем уменьшается этот показатель и, наоборот, чем меньше начальная густота древостоя, тем позже наступает предельная сумма площадей проекций крон деревьев и тем медленнее она уменьшается, сохраняя свое преимущество по сравнению с более густыми древостоями».

Почти аналогичны, но менее выражены максимумы на графике динамики сомкнутости полога (см. рис. 2.8), на котором у средних и редких по начальной густоте моделей они совпадают с возрастами, когда наступают пределы по сумме горизонтальных проекций крон (см. рис. 2.7), но у густых моделей они наступают чуть позже.

Момент достижения предела по проекциям крон становится определяющим фактором развития в древостое других его параметров. Текущий прирост средней высоты древостоя при этом замедляется, резко возрастает естественный отпад деревьев, снижается текущий прирост по запасу (прил. 1).

Во вторую очередь древостой достигает свой индивидуальный предел по сумме площадей сечений – абсолютной полноте (рис. 2.9), для которой можно сформулировать свой закон динамики: «чем больше начальная густота, тем раньше древостой становится лидером по сумме площадей сечений стволов и тем скорее теряет свое лидерство, уступая его древостоям с меньшей густотой и, наоборот, чем меньше начальная густота, тем позже древостой оказывается лидером по указанному признаку и тем дольше сохраняет свое лидерство».

В третью очередь, через 10-20 лет после достижения предела по абсолютной полноте, каждый древостой достигает своего индивидуального предела по сумме объемов крон деревьев (см. рис. 2.10), для которых также можно сформулировать свой закон: «чем больше начальная густота древостоя, тем раньше древостой становится лидером по сумме объемов крон деревьев и тем скорее теряет свое лидерство, уступая его древостоям с меньшей густотой и, наоборот, чем меньше начальная густота, тем позже древостой становится лидером по указанному признаку и тем дольше сохраняет свое лидерство».

Этот закон напрямую влияет на характер динамики запаса (производительности) и общей производительности древостоев, что также можно сформулировать как закон: чем больше начальная густота древостоя, тем раньше он становится лидером по запасу древесины и общей производительности и тем скорее теряет свое лидерство, уступая его древостоям с меньшей густотой и, наоборот, чем меньше начальная густота, тем позже древостой оказывается лидером по указанным показателям и тем дольше сохраняет свое превосходство, устойчивость и долголетие (см. рис. 2.11 и 2.12).

2.4. Общий закон развития древостоев

Выше мы привели результаты изучения динамики естественных древостоев по пяти основным таксационным показателям, а в следующей главе мы покажем динамику древостоев лесных культур, где характер влияния начальной густоты окажется очень похожим, что было выяснено нами уже достаточно давно (Разин, 1988).

Вообще, следует заметить, что густоте и площади питания деревьев посвящены тысячи работ и десятки монографий. Этот вопрос важен для обычных культур (Савич, 1960; Итоги..., 1964; Кайрюкштис, Юодвалькис, 1976; Прокопьев, 1981; Поляков, Ипатов, Успенский, 1986; Чернов, Соловьев, Нагимов, 2012), а в плантационном выращивании густота является решающим параметром (Рябоконь, 1990; Плантационное..., 2007; Большакова, 2007).

В связи с идеями плантационного выращивания и создания культур с малой начальной густотой отметим, что знаменитая Линдуловская роща лиственницы европейской вблизи Санкт-Петербурга была сформирована из посадок с начальной густотой всего лишь 540 растений на 1 га и запасы древесины в ней в 260 лет достигли 1090 м^3/га (Мерзленко, Бабич, 2011). Вышеописанные законы динамики пяти таксационных показателей, обнаруженные нами в еловых древостоях, находили свое подтверждение и еще намного раньше в древостоях других пород, в частности, в культурах сосны (Итоги..., 1964).

Законы эти можно интегрировать в один **общий закон развития одноярусных древостоев**: «в одинаковых условиях местопроизрастания пределы развития древостоев определяет их начальная густота; при ее изменчивости примерно от 0.5-0.7 до 200 тыс. шт./га чем она больше, тем раньше древостой достигает своих пределв по показателям сомкнутости крон, суммам объемов крон, полноте, запасу, производительности, устойчивости и долговечности по сравнению с древостоями с меньшей начальной густотой; но чем она меньше, тем позднее древостой лидирует по указанным параметрам и дольше сохраняет лидерство по ним в сравнении с древостоями с большей начальной густотой.

Закон действует до некоторых низших пределов густоты, менее которой деревья уже не образует со временем сомкнутого ценоза. Действие данного закона особенно убедительно подтверждается при плантационном выращивании хвойных пород (Рябоконь, 1990; Плантационное…, 2007). Этот закон позволяет сделать заключение, что сами одноярусные древостои недостаточно регулируют текущую густоту и поэтому всегда нуждаются в ее оптимизации. Наиболее перегущенные древостои нуждаются в интенсивном разреживании с самого раннего возраста. При регулярном, а главное, опережающем разреживании, проводимом до наступления максимума сомкнутости крон, происходит переход древостоев на более производительные модели развития. Все это дает возможность революционного изменения способов выращивания древостоев на основе оптимальных программ регулирования текущей густоты (Разин, 1981, 1982, 1988).

Рис. 2. 13 – Лес на старой пашне с минимальной начальной густотой. Предельные сомкнутость и текущий прирост такого ценоза наступят в 45 лет

2.5. Составление «нормальных» таблиц хода роста

Рассмотрим вопрос о росте древостоев с полнотой 1.0 и составим для них таблицу хода роста (ТХР) по общеизвестной методике:

- используем ранее заложенные пробные площади в ТУМ C_2, C_{2-3} в еловых древостоях, уже использованные нами выше для моделирования динамики ельников с различной начальной густотой;

- подберем для каждой ступени возраста древостои с наибольшей суммой площадей сечений и запишем их показатели в чистый бланк ТХР (для нашего случая – без тщательного графического выравнивания показателей, так как ранее оно было проведено). В итоге получим ТХР еловых древостоев с полнотой 1.0 (табл. 2.4).

Таблица 2.4 – Мнимая «Опытная таблица хода роста сомкнутых еловых древостоев с полнотой 1.0» для ТУМ C_2, C_{2-3} в Пермско-Камском экорегионе (**код 572**)

$A_{ср}$, лет	$H_{ср}$, м	$Д_{ср}$, см	$C_{кр}$, м²/м²	N, шт/га	$\sum g$, м²/га	M, м³/га	HF, м³/м²	№ рядов
15	2.0	1.32	2.21	59760	8.2	19	2.3	1
20	4.0	3.38	1.87	21070	18.9	60	3.2	2
25	7.5	7.33	1.62	7060	29.8	134	4.5	4
30	10.7	11.6	1.47	3629	37.0	218	5.9	5
35	13.6	15.6	1.37	2220	42.5	303	7.1	6
40	15.9	18.2	1.30	1740	45.4	370	8.2	7
45	17.8	22.3	1.27	1270	49.6	438	8.8	7
50	19.5	25.4	1.24	1070	51.8	515	9.4	8
60	22.5	29.5	1.15	825	56.2	605	10.7	8
70	24.5	32.3	1.12	710	58.3	678	11.6	9
80	26.0	35.7	1.08	610	61.2	739	12.1	9
90	27.2	37.6	1.06	565	62.9	788	12.6	9
100	27.8	38.5	1.05	540	63.2	809	12.8	9
110	28.2	39.1	1.04	530	63.6	827	13.0	9
120	28.6	39.8	1.03	515	64.0	838	13.1	9

В процессе составления таблицы заметим, что в ней с увеличением возраста увеличивается номер естественного ряда развития древостоя с №1 до №9, и это зафиксировано в таблице 2.4 (последняя графа). А это означает, что приведенный в ней возрастной ряд древостоев со своими таксационными показателями не является естественным, а представляет собой не что иное, как набор полных древостоев из различного возраста. Чтобы убедиться в этом, проанализируем график возрастной динамики суммы площадей сечений стволов (см. рис. 2. 9), где мы видим, что у ряда 1 с начальной густотой 61 800 шт./га уже в возрасте 10 лет $\sum g$ оказывается наибольшей и равной 8.2 м²/га. Однако в 20 лет наибольшую $\sum g$=18.9 м²/га имеет древостой из естественного ряда № 2 с начальной густотой 31 800 шт./га. В таком же порядке продолжается это «перескакивание» максимума $\sum g$ с одного ряда на другой и далее, и более полным непременно оказывается древостой с меньшей начальной густотой, так как менее густые древостои растут быстрее по $Д_{ср}$ и $\sum g$, чем древостои с большей начальной густотой – таковы законы динамики для группы древостоев, состоящие из естественных рядов. Это общий закон, и древостои соблюдают его, и иначе «себя вести» они просто не могут.

Применяя вышеизложенные доказательства к таблицам, помещенным в массово изданном справочнике (Швиденко и др., 2008) неизбежно получим аналогичный вывод о том, что древостои с полнотой 1.0 неизбежно оказываются состоящими из древостоев разных естественных рядов. Поэтому и наша мнимая «опытная таблица хода роста» не может быть признана таблицей, отражающей развитие древостоев, а может называться лишь *таблицей состояний* эталонных древостоев по $\sum g$ в статике. Это означает, эталоны по полноте систематически изменяются, переходя от древостоев густых к более редким, что происходит из-за того, что средний диаметр у последних (и соответственно $\sum g$) увеличивается быстрее. Иначе говоря, один и тот же древостой не может быть эталоном много лет подряд.

Далее рассмотрим, как происходит возрастное изменение относительной полноты в естественных рядах. Для этого составим «стандартную таблицу сумм площадей сечений» (табл. 2.5).

Используя таблицу 2.5, определим полноту древостоев разного возраста, относящихся к разным естественным рядам по начальной густоте и сведем расчеты в новую таблицу (табл. 2.6). При определении полноты сравнение $\sum g$ фактической и стандартной осуществляем при равенстве $Н_{ср}$, что требуется по правилам таксации. Далее по данным таблицы 2.6 строим график динамики относительной полноты $Pg=f(A_{ср})$ в зависимости от класса начальной густоты (рис. 2.14).

Таблица 2.5 – «Стандартная» таблица сумм площадей сечения деревьев (Σg) запасов древесины (М) сомкнутых еловых древостоев при полноте 1.0 с различной начальной густотой (от 1 до 200 тыс. шт./га), произрастающих в ТУМ С2. С2-3 в Пермско-Камском экорегионе

$H_{ср}$, м	$Д_{ср}$, см	Σg, м²/га	М, м³/га	$H_{ср}$, м	$Д_{ср}$, см	Σg, м²/га	М, м³/га
1.5	0.9	3.0	6	19	24.3	51.2	480
2	1.3	8.2	19	20	26.0	52.8	510
3	2.0	14.0	40	21	27.2	54.4	545
4	3.4	18.9	60	22	28.6	56.0	584
5	4.4	22.0	77	23	30.0	57.4	616
6	5.4	25.0	100	24	31.4	58.8	656
7	6.5	28.0	120	25	32.8	60	696
8	7.8	30.5	143	26	34.8	61	738
9	8.6	32.7	170	27	37.0	62	780
10	11.4	35.0	196	28	38.8	63	819
11	11.8	37.0	220	29	40.5	64	864
12	13.2	39.0	254	30	42.0	65	904
13	14.5	41.2	286	31	43.2	65.7	933
14	16.0	43.0	316	32	44.0	66.3	955
15	17.1	44.7	344	33	44.6	66.8	969
16	18.3	46.4	376	34	45.0	67.2	981
17	20.3	48.0	410	35	45.3	67.5	992
18	22.3	49.6	446	36	45.5	67.8	1000

Таблица 2.6 – Динамика средней высоты (Н) суммы площадей сечений стволов (Σg) и относительной полноты (Pg) еловых древостоев с различной начальной густотой, произрастающих в Пермско-Камском экорегионе в ТУМ C_2, C_{2-3}

$A_{ср}$, лет	Номера естественных рядов и начальная густота (шт./га) в возрасте $A_{ср}$=10 лет														
	4–10300			5–5060			6–2940			7–1650			8–1290		
	Н	Σg	Pg	Н	Σg	Pg	Н	Σg	Pg	Н	Σg	Pg	Н	Σg	Pg
10	1.7	1.4	0.27	1.8	0.9	0.12	1.8	0.5	0.08	1.8	0.3	0.05	1.8	0.2	0.03
15	3.2	9.4	0.63	3.9	8.2	0.44	3.9	5.0	0.27	3.9	2.8	0.15	3.9	2.2	0.12
20	5.2	22.4	0.99	6.0	19.0	0.76	6.0	13.3	0.53	6.0	8.0	0.29	6.0	6.3	0.25
25	7.5	29.8	1.00	8.3	31.4	1.01	8.3	25.0	0.80	8.3	16.5	0.58	8.3	13.3	0.43
30	9.7	33.6	0.98	11	37.0	1.02	11.0	36.8	0.99	11.0	28.7	0.78	11.0	24.3	0.66
35	12	35.9	0.92	13	40.2	0.97	13.6	42.5	1.00	13.7	40.0	0.94	13.7	36.1	0.85
40	14	37.3	0.88	15	42.1	0.94	15.9	45.4	0.98	16.0	46.8	1.01	16.0	44.7	0.96
50	17	38.2	0.80	18	43.9	0.87	19.2	48.4	0.94	12.5	51.8	1.00	19.5	52.4	1.01
60	20	37.9	0.72	21	44.6	0.82	22.1	50.0	0.89	22.5	54.9	0.97	22.5	56.2	0.99
80	23	36.6	0.64	24	44.4	0.75	25.2	51.0	0.85	25.9	57.6	0.95	25.0	59.8	0.98
100	24	35.5	0.59	26	43.9	0.72	26.7	51.2	0.83	27.4	58.6	0.94	27.6	61.2	0.98
120	25	35.1	0.59	26	43.8	0.72	27.2	51.3	0.82	28.0	58.9	0.93	28.3	61.7	0.97

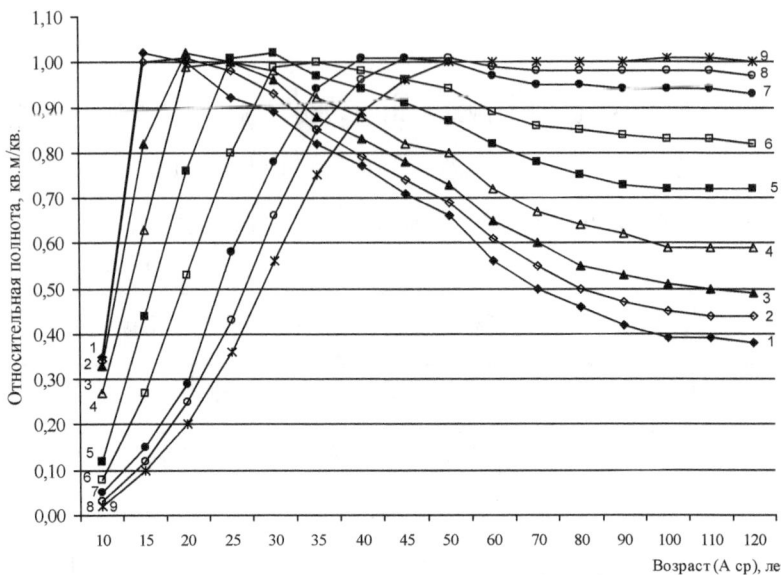

Рис. 2.14 – Динамика относительной полноты древостоев при начальной густоте, шт/га: *1*–61800; *2*–31900; *3*–20300; *4*–10300; *5*–5060; *6*–2940; *7*–1650; *8*–1290; *9*–1034

На графике четко прослеживается закон возрастной динамики относительной полноты, вытекающий из основной закономерности морфогенеза древостоев (Разин, 1979), о котором шла речь в разделе 2.1 и который был основой нашей методики моделирования: полнота древостоев каждого естественного ряда изменяется от минимума (от 0.1 и менее) до максимума (до 1.0); вскоре после этого (через 3-10 лет) начинает снижаться и уменьшается до 0.3 и менее. Причем снижение относительной полноты начинается уже тогда, когда абсолютная полнота еще увеличивается. Это связано с тем, что ее определение связано с индивидуальной динамикой $\sum g$ в древостоях – соседях по графику, которые с возрастом систематически перегоняют в росте древостои с большей начальной густотой и становятся новыми эталонами полноты.

В результате, когда вновь определяют относительную полноту, то получают ее всегда меньшую по сравнению с той, что определялась для ранних возрастов. Уменьшение полноты с возрастом происходит не в связи с усилением отпада деревьев (как думают большинство специалистов, незнакомых с этими процессами), а совсем по другой причине. Причиной являются разные темпы роста древостоев: изначально более густые достигают предельную полноту всегда раньше менее густых. Далее они вынужденно замедляют рост и отстают, в то время как древостои с меньшей густотой продолжают расти и становятся новыми лидерами по $\sum g$ с полнотой 1.0. Таков естественный процесс, отражающий действие закона развития древостоев, описанного нами выше. Все простые древостои разных пород и составов растут и развиваются строго соблюдая его, и иное возможно только при воздействии внешних факторов.

2.6. Догматизм «нормальных» таблиц хода роста

Из закона развития древостоев следует, что состояние предельной сомкнутости и полноты весьма кратковременно. Вообще в лесу все растет и изменяется – практически нет признаков и свойств постоянных, а тем более сохраняющихся длительное время. ТХР полных (сомкнутых, нормальных) древостоев составлены без какого-либо исследования динамики предельной полноты, которая принимается априори равной 1.0. Это результат того, что перед первыми разработчиками стояла задача – составить таблицу, отражающую возрастной ряд древостоев с полнотой 1.0, что необходимо было для практических целей. При разработке других методик моделирования как дань традиции предусматривалось составление ТХР уже только для древостоев с полнотой 1.0. При этом составители таблиц не сомневались в правильности такого подхода. И когда была признана необходимость выявления естественного гомогенного ряда, то анализировали только рост по высоте. Эта догма о постоянстве предельной полноты закрепилась, и до сих пор ТХР составляются как возрастной ряд с полнотой 1.0.

Из изложенного следует, что существующие ТХР полных древостоев вводят в заблуждение своих пользователей мнимой динамикой и тем, что лучшие древостои якобы растут и развиваются полными смолоду и остаются такими до естественной спелости. Следовательно, подобные ТХР, принимаемые за образец, являются надуманными. Поэтому их следует переименовать. Для них подходит другое название – «Таблицы таксационных показателей в статике». Следует также указать, что в этих таблицах информация о текущем приросте, отпаде и общей производительности ошибочна, о чем мы предупреждали более 30 лет назад (Разин, 1979, 1980).

Таблицы хода роста нормальных древостоев априори утвердились в науке в качестве несомненной истины – догмы о стабильности у древостоя полноты, близкой к 1.0 и ее «нормальности». Догма постепенно переросла в догматизм – в лженаучную теорию о ходе роста древостоев с длительным постоянством полноты 1.0. Сейчас догме исполнилось 160 лет. Борьба с ней безуспешно ведется нами, а также некоторыми другими учеными (Кузьмичев, 1977) на протяжении последних 40 лет. За это время убедить в существовании догматизма удалось немногих, так как главные специалисты, занимавшиеся разработкой ТХР, оказались и главными ее защитниками. Они не рекомендовали статьи с инакомыслием к публикации, представляя отрицательные отзывы анонимно и ссылались на то, что в статье имеется только гипотеза.

Непонятно, как рецензенты и главные редакторы журналов собираются при этом развивать науку без гипотез. Приведем такой пример. Рецензент дословно написал нам следующее: «Возможно, автор и прав в оценке существующих ТХР полных древостоев, считая их фиктивными, но пока только он один так считает, поэтому рекомендовать статью к публикации считаю нецелесообразным».

Странно, что рецензент (а заодно и главный редактор) убежден в том, что идеи в науке должны появиться не от одиночек, а сразу от коллектива специалистов и никак иначе. Однако для коллектива имеется и «нечто более ценное», чем поиски истины. Так, в одной солидной книге по вопросам динамики древостоев (Загреев В.В., 1978, с. 13) написано: «Существует мнение, что имеющимся в настоящее время таблицам хода роста насаждений свойственны большие недостатки, что в них много ошибок и поэтому они не могут служить исходным материалом для глубоких теоретических исследований. Сторонники этой точки зрения предлагают признать все таблицы хода роста непригодными для практического пользования и рекомендуют составить новые. Согласие с ними было бы равносильным признанию бессмысленности многолетней творческой работы многих исследователей, среди которых есть имена, получившие заслуженное признание в отечественной и мировой лесотаксационной науке. В основу существующих таблиц хода роста положен значительный экспериментальный материал, качество которого в большинстве случаев не вызывает сомнений».

То есть при защите догмы используются весьма странные аргументы в виде апелляции к авторитетам. Причина долголетия догматизма заключается еще и в том, что кафедры лесной таксации наших ВУЗов оказались неактивными и безразличными к этой проблеме.

3. МОДЕЛИ РАЗВИТИЯ ДРЕВОСТОЕВ КУЛЬТУР ЕЛИ

3.1 Объекты и объемы работ

Данная глава написана по материалам нашей предыдущей книги (Рогозин, Разин, 2012) и представляет ее сокращенный вариант. Изменены названия моделей – ранее они назывались «модели хода роста», сейчас это «модели развития древостоев». Лесные культуры представляют идеальный объект для выяснения разного рода закономерностей; их можно рассматривать как самую простую модель ценоза, где почти все условия выровнены.

В Пермском крае оказалось востребованным богатое наследие – культуры лесничих А.Е. и Ф.А. Теплоуховых, заложенные в конце Х1Х – начале ХХ вв. В них применяли схему посадки 2.13×1.07 м (сажень на ½ сажени), иногда 2.13×0.71 м (сажень на 1/3 сажени). Их первоначальная густота на 16 заложенных пробных площадях составила от 3.9 до 4.5 тыс. шт./га; текущая густота в 68-89 лет оказалась от 1.0 до 1.8 тыс. шт./га. Еще 4 пробные площади были заложены в культурах, созданных посевом и наиболее вероятная их начальная густота была отнесена к классам в 10 и 20 тыс. шт./га, что было определено по целому ряду показателей, о которых мы говорили в методике моделирования. На 6 участках были проведены рубки ухода в возрасте от 25 до 50 лет. Всего в старых культурах мы заложили 20 пробных площадей (рис. 3.1).

В культурах 1930-1960 гг. в условиях B_3–C_3 было заложено 23 пробных площади. Их создавали посадкой с междурядьями 1.5-2.5 м и расстоянием в ряду от 0.44 до 1.1 м, а один из участков по схеме 2.5×2.0 м. Густота при посадке колебалась от 2.0 до 11.5 тыс. шт./га, а текущая густота при изучении в 18-55 лет – от 1.65 до 6.2 тыс. шт./га. Данные для всех 43 пробных площадей в этих наиболее типичных для ели условиях приведены в нашей предыдущей монографии (Рогозин, Разин, 2012).

Рис. 3.1. – Культуры ели финской, созданные в 1913 году по схеме Ф.А. Теплоухова. Первоначальное размещение растений 2.13×1.08 м. Возраст 77 лет, запас 578 м³/га, сохранность 31%. Справа ряд вырублен. Фото 1983 г.

Материал в культурах мы собирали три года (1983-1985 гг.), далее осуществили процедуры моделирования, о которых шла речь в разделе 2. Для составления моделей роста у нас имелось достаточно данных: возраст древостоев – от 18 до 89 лет, первичная густота – от 1.6 до 20 тыс. шт./га, режим выращивания – от отсутствия рубок ухода до многократных рубок. Вопрос только в том и состоял, как правильно использовать этот материал.

Мы разработали две группы моделей:

а) модели развития древостоев (МРД) культур ели с различной начальной густотой, без рубок ухода;

б) модели выращивания древостоев (МВД) культур с начальной густотой 3550±120 шт./га, формируемых при различных режимах ухода.

Густота древостоя в 10-летнем возрасте, с которого начиналось моделирование, названа здесь «начальной» в отличие от «первоначальной», которой мы называем густоту в момент создания.

3.2. Эталон полноты 1.0 для культур ели

Для лесоводства важнейшим показателем является относительная полнота древостоя, определяемая как отношение фактической суммы площадей сечений стволов на высоте груди к нормативной (стандартной). При этом для оценки полноты в культурах нормативы естественных древостоев оказывается непригодны, так как по ним в культурах получаются полноты выше 1.0, чего теоретически никак не должно быть. Это приводит к занижению полноты и запаса при их таксации иногда более чем в 2 раза. Поэтому мы разработали стандарт полноты для культур ели на основе данных таксации на пробных площадях (табл. 3.1).

Как в естественных ельниках, точно также и в культурах оказалось, что полнота 1.0 достигается в любом возрасте, но только при определенном сочетании достигнутой древостоем высоты, диаметра и густоты. Так, при высоте 20 м полнота 1.0 может быть достигнута как в 45, так и в 80 лет и это будет зависеть от ТУМ и от густоты: чем благоприятнее условия и больше густота, тем раньше будет достигнута полнота 1.0.

Таблица 3.1 – Сумма площадей сечений (Σg, м^2/га) и запас (М, м^3/га) в древостоях еловых культур Западного Урала, принимаемых за эталон полноты 1.0

продолжение табл. 3.1

Средняя высота, м	Σg, м^2/га	М, м^3/га	Средняя высота, м	Σg, м^2/га	М, м^3/га
3	9,7	24	17	53,8	470
4	13,8	40	18	55,8	512
5	17,8	60	19	57,7	555
6	21,6	82	20	59,4	598
7	25,3	108	21	61	642
8	28,8	136	22	62,4	685
9	32,2	166	23	63,7	727
10	35,4	198	24	64,8	769
11	38,5	232	25	65,8	810
12	41,4	269	26	66,6	850
13	44,2	306	27	67,3	889
14	46,8	346	28	67,8	926
15	49,3	386	29	68,2	962
16	51,6	427	30	68,4	995

Элементарный запас (Мэл) или «видовая высота» еловых древостоев с полнотой 1.0 могут определяться по предложенному В.В. Загреевым (1981) уравнению: $\text{Мэл}_{1.0}$ = $HF_{1.0}$ = 0.4H + 1.5. Однако после проверки мы его изменили и использовали при моделировании в следующем виде:

$$\text{Мэл}_{1.0} = HF_{1.0} = 0.48H + 1.11$$

Такое решение было принято в связи с тем, что после составления нормативной таблицы 3.1 мы сравнили ее данные с материалами исследований ельников Московской обл. (Загреев, 1981). Наши данные превышали нормативы В.В. Загреева при высотах 10-30 м:

по HF – на 2.6-3.6 %

по Σg – на 36-16 %

по М – на 39-20 %.

Отличия по HF небольшие, но по Σg и M они велики. Это вызвано тем, что В.В. Загреев занизил линию $\Sigma g = f(H)$ по сравнению с фактическими данными. После процедуры моделирования мы сравнили наши табличные величины с фактическими данными В.В. Загреева и оказалось, что они почти не отличаются. Это не только дополнительно подтвердило правильность нашей стандартной таблицы, но и показало возможность ее использования для всей зоны тайги и зоны смешанных лесов.

3.3. Особенности методики моделирования

Для составления моделей развития культур нами были использованы 43 пробных площади, в т.ч. 10 с повторными наблюдениями от 5 до 25 лет. По принятой методике древостои, у которых значения элементарного запаса Мэл отклоняются от средних значений до ±10% считаются произрастающими в сходных условиях по интегральному лесорастительному эффекту и признаются однородной совокупностью. Созданные нами совокупности отвечали этим требованиям.

Древостои культур были созданы с различной густотой и выращивались при различных режимах рубок ухода. Из их числа во время полевых работ, а также при анализе данных была выделена группа древостоев, выросших без рубок ухода. Известно, что в одних и тех же условиях роста средний диаметр древостоя будет тем меньше, чем больше начальная густота и чем меньше было вмешательство рубками ухода. Это было использовано для их классификации по гомогенности. А так как на величину диаметра оказывает влияние и некоторая вариабельность условий, то в сомнительных случаях для классификации начальной густоты были использованы более строгие критерии, например, отношение диаметра кроны к высоте K_1 = Дкр/Н а также упрощенный сбег ствола K_2 = Д/Н, кроме обычно используемых для этого учета валежа и сухостоя и возможного возраста их отпада.

На графике $Д_{ср}$ = f(A) наносились значения $Д_{ср}$ с указанием номеров пробных площадей и проводились линии динамики диаметра на пробах длительного наблюдения, т.е. *«гид - линии»* (ведущие, указывающие линии). Все остальные линии моделирования динамики проводились выше либо ниже этих линий таким образом, чтобы величины $Д_{ср}$ отличались друг от друга на 3-6%. Начальные части линий, где отсутствовали показатели, устанавливалась по ходу роста самых крупных моделей.

В нижней части этого графика расположились номера пробных площадей, которые формировались без рубок ухода. Первичная густота их была известна исходя из схемы посадки и, с учетом ретроспекции общего числа живых и мертвых стволов на более ранний возраст, для них можно было определить их начальную густоту с некоторой допускаемой ошибкой, в пределах ± 10%. Эта начальная густота оказывалась меньше первоначальной и была близка к числу прижившихся растений.

Линии динамики $Д_{ср}$ были линиями-делителями, которые распределяли пробные площади по гомогенным рядам с учетом факторов первичной и начальной густоты, а также степени вмешательства рубками ухода. Поэтому линии динамики средней высоты $Н_{ср}$= f(A) и линии числа стволов на 1 га N = *f(A) проводили вблизи показателей древостоев тех пробных площадей, которые охватывали полоски гомогенных рядов по линии $Д_{ср}$.* Линии динамики Н и N прокладывались на предварительно построенных графиках $Н_{ср}$= *f*(A) N = *f*(A) с нанесенными на них величинами показателей (точками) и нумерацией пробных площадей. При нахождении линий динамики были учтены результаты исследования всех 20-30-летних культур (а не только в условиях $В_3$-$С_3$), которые показали, что в них почти отсутствовал отпад (1-2% за пятилетие), если они не были перегущены.

Для контроля правильности проведения линий $Д_{ср}$ и $Н_{ср}$, обязательно вычислялись величины упрощенного сбега ствола $К_2=Д_{ср}/Н_{ср}$, т.к. оказалось, что $К_2$ вначале убывает, а потом несколько увеличивается. Если это правило нарушалось, то искали причины и основной из них были рубки ухода. Далее порядок расчетов был следующий.

По значениям $Д_{ср}$ и $Н_{ср}$ определялись табличные объемы стволов в коре $V_{ср}$. При этом пользовались таблицами, составленных нами ранее в результате рубки моделей. Найденные $V_{ср}$ служили для предварительного нахождения запаса древесины в коре.

По $Д_{ср}$ и $N_{ср}$ вычислялись суммы площадей сечений и по графику $\Sigma g = f(A)$ проверялось, нет ли скачков и спадов.

По $V_{ср}$ и Н подсчитывались предварительные запасы древесины растущей части древостоя (М). Определяли величину элементарного запаса $М_{эл}=HF= M/\Sigma g$. Далее строили график $HF=f(H)$, находили выравненную линию, и по ней вычисляли достоверный запас $M = HF_{выр} \times \Sigma g_р$.

Далее находили объем среднего дерева $V_{ср}= M_{выр}/ N_{выр}$.

Далее определяли текущий прирост запаса $\Delta M_{тек}= (M_A - M_{A-т})/t$, который контролировал динамику запаса, т.к. ее скачки были возможны только после рубок ухода и только иногда – в связи с отпадом после засушливых лет.

Затем определяли средние объемы стволов деревьев отпада и отношение $К_{отп} = V_{ср.отп} / V_{ср.живых}$. Имея целый ряд подобных данных, находили зависимость $К_{отп} =f(A)$. Было найдено, что для четырех моделей развития древостоев культур (МРДК) коэффициенты $К_{отп}$ различаются:

МРДК №1 $К_{отп} = 0,0084А$

МРДК №2 $К_{отп} = 0,0087А$

МРДК №3 и №4 $К_{отп} = 0,011А$

Далее по известным уравнениям вычислялись $М_{отп}$, $\Sigma М_{отп}$, и общая производительность $П_{общ}$. Относительная полнота определялась по таблице $\Sigma g_{1.0}$ для еловых культур Западного Урала (см. табл. 3.1). Классы бонитета определены по шкале М.М. Орлова.

3.4. Модели развития культур ели различной густоты

Нами составлены четыре модели развития древостоев культур (МРДК) ели различной густоты, для типов условий местопроизрастания В$_3$, С$_3$ для южной и средней подзоны тайги Западного Урала. Такие насаждения относят к типам леса зеленомошным, кисличниковым, черничным, травяным и липняковым. Почвы среднесуглинистые и супесчаные, свеже-влажные и влажные. Чаще встречаются почвы, нижние горизонты которых представлены тяжелыми суглинками. Рельеф имеет уклон до 6°. Точность разработанных моделей показана в таблице 3.2.

Таблица 3.2 – Отклонения выравненных показателей в моделях развития древостоев культур от фактических

Таксационные показатели	Отклонения, %	
	средние	максимальные
HF, м^3/м^2	1.5	4.2
Д$_{ср}$, см	2.5	6.5
Н$_{ср}$, м	1.4	4.5
N, шт./га	2.5	7.2
Σg, м^2/га	1.8	7.1
М, м^3/га	3.2	8.2

Максимальные отклонения по средним диаметрам и высотам оказались равны соответственно 6.5% и 4.5% при допустимых по методикам в 15% и 10%. Средние же величины отклонений по всем показателям не превышают 3.2%. Максимальные отклонения по суммарному отпаду и текущей производительности доходят до 10%, что в 2 раза ниже допустимых по принятым методикам.

Ниже приводятся в сокращенном виде четыре модели развития древостоя культур ели (МРДК), разработанные для Пермского края (табл. 3.3-3.6)

Таблица 3.3 – Модель № 1 развития древостоя культур ели (МРДК 1). Культуры средней густоты, мертвопокровные в 40-60 лет. Пермский край, южной и средней подзоны тайги, ТУМ) C₃ - B₃

А, лет	Дср, см	Нср, м	Nтек, шт/га	∑g, м²/га	М, м³/га	∆Мср, м³/га	∆Мтек, м³/га	Бони-тет	Пол-нота	Мотп, м³/га	∑Мотп, м³/га
10		0,8	3550		0,2	0,02	0,02	V			
15	1,2	1,6	3500	0,4	0,9	0,06	0,14	IV,9	0,11		
20	4,5	3,5	3450	5,49	12,8	0,64	2,4	IV,0	0,47		
25	7,5	6,6	3400	15	57	2,28	8,9	III,2	0,63		
30	9,8	9,3	3325	25,1	122	4,06	13	II,6	0,76	0,3	
35	11,6	11,6	3250	34,4	208	5,94	17,2	II,2	0,85	0,8	0,3
40	13,3	13,4	3150	43,8	296	7,4	17,6	II,0	0,97	2,1	1,1
45	14,4	14,8	3050	49,7	363	8,07	13,4	II,0	1,02	3,6	3,2
50	15,1	15,8	2950	52,8	410	8,2	9,4	II,0	1,03	5	6,8
60	16,2	17,8	2700	55,6	480	8	7	II,0	1	17,2	11,8
70	17,4	20	2110	50,2	502	7,17	2,2	II,0	0,84	62	29
80	18,7	21,5	1710	47	513	6,41	1,1	II,2	0,76	64	91
90	20,2	22,7	1350	43,3	501	5,57	-1,2	II,3	0,68	82	155
100	22,6	23,6	790	31,7	388	3,88	-11,3	II,4	0,49	175	237

Таблица 3.4 – Модель развития древостоя культур ели № 2 (МРДК 2). Культуры средней густоты, мертвопокровные в 35-65 лет. Пермский край, южная и средняя подзоны тайги, ТУМ С$_3$ - В$_3$

А, лет	Дср, см	Нср, м	Nтек, шт/га	Σg, м²/га	М, м³/га	ΔМср, м³/га	ΔМтек, м³/га	Бони-тет	Пол-нота	Vср.отп, м³/шт.	Мотп, м³/га
10		0,8	4800		0,2	0,02	0,02	V,0			
15	1,2	1,6	4740	0,54	1,19	0,08	0,2	IV,9	0,14		
20	4,5	3,5	4680	7,44	17,3	0,87	3,2	IV,0	0,63		
25	7,3	6,6	4600	19,3	73,5	2,94	11,2	Ⅲ,2	0,81	0,0001	0,06
30	9,2	9,3	4500	29,9	144	4,8	14,1	ⅠⅠ,6	0,9	0,0041	0,41
35	10,8	11,6	4170	38,2	229	6,54	17	ⅠⅠ,2	0,95	0,0099	3,3
40	12,1	13,2	3850	44,3	297	7,42	13,6	ⅠⅠ,1	0,99	0,019	6,1
45	13,1	14,5	3600	48,5	357	7,93	12	ⅠⅠ,0	1	0,030	8
50	13,8	15,5	3395	50,8	394	7,88	7,4	ⅠⅠ,2	1,01	0,043	9
60	15	17,4	2945	52	448	7,47	5,4	ⅠⅠ,2	0,95	0,061	27
70	16,3	19,4	2265	47,3	459	6,56	1,1	ⅠⅠ,2	0,81	0,093	63
80	17,6	21	1790	43,5	461	5,78	-0,3	ⅠⅠ,3	0,71	0,139	66
90	19,3	22,2	1215	35,5	401	4,47	-6	ⅠⅠ,5	0,57	0,202	116
100	21,5	23,1	685	24,9	294	2,94	-10,8	ⅠⅠ,6	0,39	0,288	153

Таблица 3.5 – Модель развития древостоя культур ели № 3 (МРДК 3). Культуры густые, мертвопокровные в 30-55 лет. Пермский край, южная и средняя подзоны тайги, ТУМ C_3 - B_3

А, лет	Дср, см	Нср, м	Nтек, шт/га	$\sum$g, м²/га	М, м³/га	ΔМср, м³/га	ΔМтек, м³/га	Бонитет	Полнота	Vср.отп, м³/шт.	Мотп, м³/га
10		0,8	6000		0,3	0,03	0,03	V			
15	1,2	1,6	5925	0,67	1,48	0,1	0,24	IV,9	0,18		
20	4,4	3,5	5850	8,9	20,9	1	3,9	IV,0	0,76	0,0005	
25	7	6,6	5750	22,1	84,5	3,4	12,8	III,2	0,93	0,001	0,1
30	8,7	9,3	5600	32,5	162	5,4	15,8	II,6	0,98	0,005	0,7
35	9,9	11,5	5250	40,4	246	7	16,8	II,3	1,01	0,011	3,9
40	10,8	13	4845	44,4	311	7,8	13	II,2	1	0,021	8,3
45	11,7	14,3	4435	47,7	357	7,9	9,2	II,2	1	0,032	13
50	12,3	15,2	3960	47,1	380	7,9	4,6	II,25	0,95	0,044	21
60	13,8	17,2	2970	44,4	392	6,5	1,2	II,3	0,83	0,064	63
70	15,3	18,8	2075	38,1	371	5,3	-2,1	II,4	0,66	0,102	91
80	16,8	20,4	1425	31,6	331	4,1	-4	II,5	0,5	0,158	103
90	18,3	21,6	760	20	220	2,4	-11,1	II,7	0,32	0,230	153
100	20,6	22,5	100	3,4	38	0,4	-18,2	II,7	0,05	0,318	210

Таблица 3.6 – Модель развития древостоя культур ели № 4 (МРДК 4). Культуры очень густые, мертвопокровные в 25-50 лет. Пермский край, южная и средняя подзоны тайги, ТУМ C_3 - B_3

А, лет	Дср, см	Нср, м	Nтек, шт/га	∑g, м²/га	М, м³/га	∆Мср, м³/га	∆Мтек, м³/га	Бони-тет	Пол-нота	Vср.отп, м³/шт.	Мотп, м³/га
10		0,75	8500		0,4	0,04	0,04	V			
15	1,1	1,5	8400	0,8	1,76	0,12	0,27	V	0,24	0,00001	
20	4	3,3	8200	10,3	23,7	0,18	4,4	IV,1	0,94	0,00004	0,01
25	6,3	6,2	7520	23,2	85	3,4	12,3	III,4	1,04	0,0008	0,54
30	7,7	8,6	6680	31,1	150	5,0	13	III,0	1,01	0,004	3,1
35	8,8	10,6	6180	37,6	216	6,2	13,2	II,6	1,01	0,009	4,3
40	9,7	12,1	5640	41,7	269	6,7	10,6	II,6	1,0	0,015	8,3
45	10,5	13,5	4880	42,3	300	6,7	6,2	II,5	0,93	0,024	18
50	11,2	14,5	4190	41,3	317	6,3	3,4	II,5	0,86	0,034	24
60	12,6	16,3	3105	38,7	329	5,5	1,2	II,5	0,74	0,051	56
70	14,1	18,1	2190	34,2	318	4,5	-1,1	II,6	0,61	0,082	75
80	15,8	19,7	1045	20,5	209	2,6	-10,9	II,7	0,35	0,128	147
90	17,5	21,1	420	10,1	108	1,2	-10,1	II,8	0,15	0,198	124
100	19,8	22	36	1,1	12	0,12	-9,6	II,8	0,02	0,283	109

Сравнение МРДК показало, что полнота культур была предельной в самый интенсивный период роста – в 30-40 лет. После этого наступила ее стагнация и падение, обусловленное напряженной конкуренцией в течение 10-20 лет. Конкуренция настолько ослабила растения, что после засухи 1973 и 1983 гг. культуры либо ускоренно усыхали куртинами, либо корневые гнили привели затем к распаду древостоя спустя всего несколько лет. К возрасту 90 лет практически все 28 участков старых культур, исследованных нами, погибли, и мы насчитали 7 причин, по которым это произошло (Рогозин, Разин, 2012).

Сравнение запасов древесины в моделях развития культур показывает некоторое преимущество густых культур до 30-35 лет, которое меняется на отставание с 40-50 лет и затем резкое падение после 70 лет. В культурах с меньшей начальной густотой запасы в спелом возрасте оказываются выше в 1.6 раза по сравнению с густыми (рис. 3. 2).

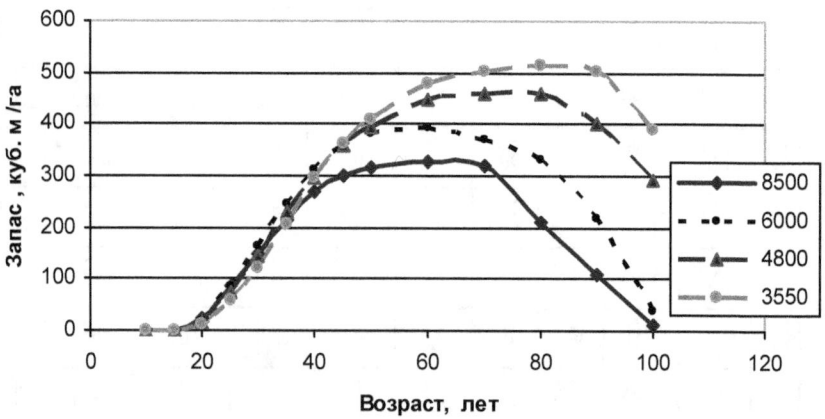

Рис. 3.2 – Запасы древесины в моделях развития культур ели с различной начальной (в 10 лет) густотой, шт./га

3.5. Модели выращивания еловых культур с рубками ухода

Моделирование выращивания древостоев культур не отличалась от методики, изложенной выше в начале главы. Имеются лишь некоторые особенности. Известно, что диаметр древостоев, имеющих равную начальную густоту, будет больше там, где раньше и интенсивнее проводили рубки ухода. Их последствия, кроме очевидных следов таких рубок, выявляли по величине условного сбега ствола, и чем больше оказывалось его значение, тем раньше и интенсивнее проводились разреживания.

Рубки ухода проводились на 6 участках, в промежутке между 25 и 50-летним возрастом. В одном случае они были интенсивными, с вырубкой каждого второго ряда. Первичная густота культур была 4.1-4.4 тыс. шт./га, с размещением растений 2.0-2.2×1.0-1.2 м.

Они были классифицированы как имевшие среднюю начальную густоту 3550 шт./га. В моделях выращивания моделируется равномерный уход низовым методом слабой, умеренной и сильной интенсивности. Четыре модели мы составили по реальным данным, а три являются прогнозными, из которых в данной работе мы проанализируем наиболее радикальную модель выращивания – седьмую.

Подтвердить точность прогнозных моделей опытными данными невозможно из-за отсутствия подобного опыта на Западном Урале (имеется только один случай, когда в 40 лет вырубался каждый второй ряд и расстояние между рядами увеличилось до 4.3 м). О правдоподобности этих моделей мы судили косвенно, по подобию их линий динамики линиям развития культур с реальными рубками ухода, а также убедительными результатами выращивания древостоев с ранним изреживанием (Рябоконь, 1990; Плантационное..., 2000). На этом допущении основаны, в общем-то, все положения плантационного лесоводства.

В наших исследованиях эти положения подтвердились. Так, по фактическим данным трех пробных площадей в возрасте 35-47 лет суммы площадей сечений были почти одинаковы (42-44 м²), а текущая густота отличалась в 1.7 раза (3500 и 5980 шт.); на двух участках в возрасте 44 лет сумма площадей сечений была равна 38.3 и 38.5 м², а число стволов различалось в 1.62 раза (3380 и 2091 шт.). Из равенства суммы площадей сечений при разном числе деревьев следует, что диаметры деревьев будут тем больше, чем меньшее число деревьев будут давать такие суммы сечений.

В развивающемся древостое, как биосистеме, все показатели взаимосвязаны. Если древостой еще не подошел к роковому рубежу стагнации полноты, то его развитие продолжается, и он сохраняет способность восстановления полноты при разреживаниях. В этом случае снижение густоты влечет за собой изменение диаметра и других показателей; на диаграммах они ложатся в виде спектра линий и положение среди них прогнозных линий укладывается в общую картину явления (рис. 3.3).

В табличной форме модели выращивания культур приведены для МВДК №4 (модель по фактическим данным) и МВДК 7 (прогнозная модель), которых вполне достаточно для представления о влиянии на динамику таксационных показателей рубок разреживания, начинаемых обязательно до начала стагнации полноты древостоя – в 40 и в 25 лет, с периодическими разреживаниями до возраста 45 лет (табл. 3.7, 3.8).

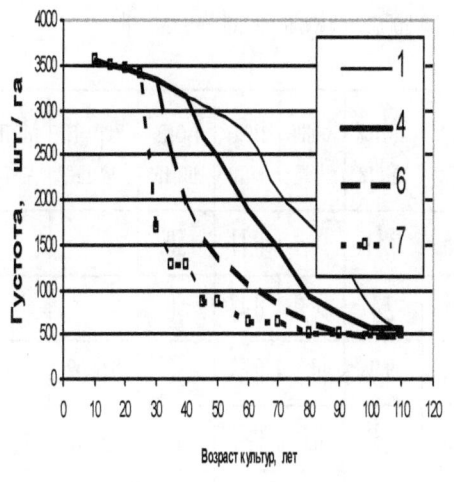

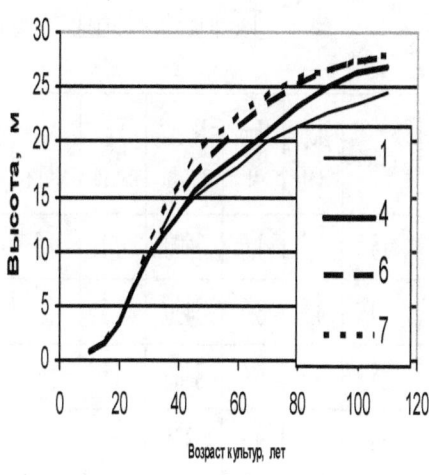

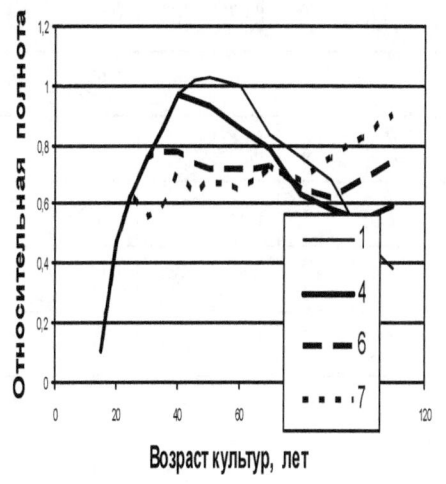

Рис. 3.3 – Динамика густоты, высоты и относительной полноты при разных режимах выращивания древостоев культур ели: 1 и 4 – модели выращивания по фактическим данным пробных площадей; 6 и 7 – прогнозные модели выращивания

Таблица 3.7 – Модель   выращивания древостоя культур ели № 4 (МВДК 4)

А, лет	Дср, см	Нср, м	Nтек, шт/га	$\sum g$, м²/га	М, м³/га	ΔМср, м³/га	ΔМтек, м³/га	Бони-тет	Пол-нота	Nотп, шт/га	Vср.отп, м³/шт.	Мотп, м³/га
15	1,2	1,6	3500	0,4	0,9	0,06	0,14	IV,9	0,11	50		
20	4,5	3,5	3450	5,5	12,8	0,64	2,4	IV,0	0,47	50		
25	7,5	6,6	3400	15	57	2,28	8,9	III,2	0,63	50	0,0008	
30	9,8	9,3	3325	25,1	122	4,06	13	II,6	0,76	75	0,0042	0,3
35	11,6	11,6	3250	34,4	208	5,94	17,2	II,2	0,85	75	0,0105	0,8
40	13,3	13,4	3150	43,8	296	7,4	17,6	II,0	0,97	100	0,0215	2,1
рубка			2700	35	220					450	0,0356	16
45	15,0	15,4	2700	41	290	14,0	12,6	I,8	0,95			
50	16,0	16,7	2465	46	360	19,0	8,6	I,8	0,93	235	0,0559	13
60	18,2	18,8	1880	50	455	5,0	5,3	I,7	0,85	585	0,0855	50
70	20,4	20,9	1465	49	480	-1,6	4,2	I,7	0,79	415	0,143	59
80	23,4	23,1	930	47	472	-1,4	-2,5	I,7	0,63	535	0,228	122
90	25,9	25	720	44	465	-5,0	-0,2	I,7	0,59	210	0,371	78
100	28,3	26,3	575	37	440		5,5	I,7	0,55	145	0,558	81

Таблица 3.8 – Модель выращивания древостоя культур ели № 7 (МВДК 7)

А, лет	Дср, см	Нср, м	Nтек, шт/га	∑g, м²/га	М, м³/га	∆Мср, м³/га	∆Мтек, м³/га	Полнота	Стандарт ∑g, м²/га	Интенсивность рубки, % по ∑g	по запасу	по числу стволов
15	1,2	1,6	3500	0,4				0,10	4			
20	4,5	3,5	3450	5,5	14	0,7		0,47	11,6			
25	7,5	6,6	3400	15	62	2,5	9,4	0,63	23,7			
рубка	8,9	7,3	1690	9	40			0,35	26	40	35	50
30	12,5	10,4	1690	21	120	4,0	16,0	0,57	36,6			
35	16,7	13,8	1610	29	212	6,0	18,4	0,63	46,3			
рубка	17,2	15,2	1290	25	198			0,50	49,7	8,6	9,3	20
40	19,2	15,9	1270	35,0	287	7,2	17,9	0,68	51,3			
45	23,0	18,5	1220	40,1	377	8,4	18,0	0,71	56,7			
рубка	23,5	19,4	1000	37,0	359			0,63	58,4	9,2	9,5	18
50	24,3	20	910	44,2	446	8,9	17,5	0,74	59,4			
60	28,5	22,4	820	48,3	541	9,0	9,5	0,77	63			
80	33,5	25,7	640	52,0	655	8,2	7,4	0,78	66,4			
100	37,4	27,5	510	52,4	702	7,0	3,1	0,78	67,5			

В моделях выращивания культур мы ограничились разреживаниями до возраста 45 лет. Это критический возраст в развитии древостоев, когда оно переходит в фазу регресса, и об этом речь впереди; однако Правилами... (2007) прореживания и проходные рубки разрешены намного далее этого срока и заканчиваются они за один класс возраста до возраста рубки, причем их рекомендуемая интенсивность (20-25%) на практике приводит к прямому изъятию спелой древесины. Рубки эти получили название «коммерческих».

Составляя модель №7, мы стремились к ее перекрестной проверке и реальности данных. Проверкой служили цифры текущего прироста, которые в максимуме достигали 17-18 м³/га в год и они были близки к таковым в модели №4. Для расчета относительной полноты использовали стандарты показателей $\sum g$, м²/га и HF, м³/м² при полноте 1.0 из таблицы, помещенной в начале главы и разработанной нами специально для культур (см. табл. 3.1).

В модели МВДК №7 культуры сильно изреживают в 25 лет и удаляют 50% деревьев, снижая в 1.5 раза сумму площадей сечений. Далее, с перерывами в 10 лет, проводят еще две рубки. На такое вмешательство в структуру древостой будет реагировать повышением запаса древостоя до 700 м³/га в 100-летнем возрасте (см. табл. 3.8).

Вполне понятно, что модели представляют собой самый оптимистичный вариант развития, что случается в реальности не часто. Однако в опытных посадках такой сценарий возможен.

Мы приводим рисунок, где показаны последствия изреживаний для МВДК №4 и №7. На нем видно, что у модели №4, составленной по реальным данным пробных площадей с рубками ухода, запоздалое снижение густоты мало что изменило в характере ее развития: полнота (линия 2) все равно падала с 60 лет (рис. 3.4).

Этот момент заставил нас с осторожностью и очень тщательно рассматривать нарастание полноты в прогнозной модели №7: если бы мы приняли идею ее восстановления и линия ее развития после рубки смыкалась бы с линией модели №4, то для этого древостой должен был бы иметь текущий прирост в 20-24 м³/га в год, что нам представлялось совершенно не реальным. Поэтому мы прогнозируем более пологое нарастание полноты, в особенности после 70 лет.

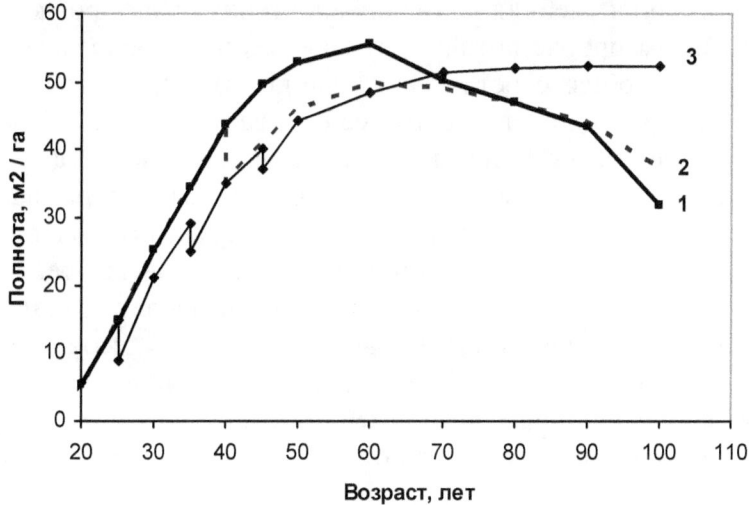

Рис. 3.6 – Динамика полноты в моделях выращивания культур ели в типах условий В₃-С₃ с начальной густотой в 10 лет 3.6 тыс. шт. / га: **1** – без рубок ухода; **2** – рубки со снижением густоты в 40 лет; **3** – рубки со снижением густоты в 25, 35 и 45 лет.

4. ДИСКУССИЯ О МОДЕЛИРОВАНИИ ХОДА РОСТА

4.1. Новые учебники и дискуссия о ТХР

Существует проблема новых знаний, которые необходимо сообщать студентам не в ущерб основам науки. Для студента же новое знание отнюдь не выглядит новым и выступает наряду с прочими. Существуют местные таблицы хода роста насаждений, а также другие природные особенности региона. Это создает предпосылки для издания учебников, где предпочтения их авторов к тем или иным проблемам находят свое место в преподавании, по сути, общетеоретических знаний. В 2000-е годы во многих регионах, где есть лесные факультеты в ВУЗах, появилась серия новых учебников по лесоведению, таксации, лесным культурам. Региональная конкретика в них, конечно же, важна но еще более важны основные законы развития и формулирование новых теорий, которые вберут в себя новые знания и позволят сократить время на преподавание местных особенностей лесов.

Мотивацию к учебе у студента инициируют, в том числе, и заманчивые предложения самому поставить опыт и проверить некоторые гипотезы. Однако, чтобы вызвать желание его поставить, нужно сначала услышать о них. Поэтому гипотезы, как двигатель научного поиска и стимул в достижении новых знаний, должны быть обнародованы, какими бы невероятными они ни казалась.

Все это имеет прямое отношение к дискуссии, которую мы пытались организовать в 2010 г., сразу после выхода нашей проблемной статьи (Разин, Рогозин, 2009). Ее копии мы разослали в высшие учебные заведения, где имелись соответствующие кафедры: БГИТА (г. Брянск), ВГЛТА (г. Воронеж), Лесотехнический ин-т Арктического федер. ун-та (г. Архангельск), МарГТУ (г. Йошкар-Ола), МГУЛ (г. Москва), Новгородский гос. ун-т (г. Новгород), ПГСХА (г. Пермь), Петрозаводский гос. ун-т, Сибирский ГТУ (г.

Красноярск), С-ПбЛТА (г. Санкт-Петербург), ТГУ (г. Томск), УГЛТУ (г. Екатеринбург).

В сопроводительном письме мы просили обсудить на заседаниях кафедр проблему верификации ТХР и начать дискуссию. Ответ пришел только из г. Красноярска от д-ра с.-х. наук Владимира Алексеевича Соколова с предложением: перепечатать эту статью в журнале «Лесная таксация и лесоустройство» и начать ее обсуждение. Поэтому статья вышла еще раз в 2010 г. в №1 этого журнала, в сопровождении отзывов. Завязалась дискуссия, за которую мы благодарны В.А. Соколову и признательны авторам статей-отзывов С.К. Фарберу, Г.Б. Кофману, И.В. Семечкину и Р.А. Зиганшину.

Далее, в 2012 г. мы написали монографию (Рогозин, Разин, 2012). Ее мы разослали в те же адреса, а также в Институт леса НАН Беларуси (г. Минск), в ЗСФ ИЛ СО РАН им. Сукачева (г. Новосибирск), в Ботанический сад УрО РАН (г. Екатеринбург), в институт леса АН Республики Коми (г. Сыктывкар), в С-ПбНИИЛХ (г. Санкт-Петербург), во ВНИИЛМ (г. Москва), в Центры защиты леса (ЦЗЛ) в гг. Сыктывкаре, Вологде, Новгороде.

4.2. О методических подходах построения эскизов таблиц хода роста

Статья с таким названием была опубликована нами в ж. «Лесная таксация и лесоустройство», 2011, № 1-2. Мы помещаем ее почти в неизменном виде.

В статье И.В. Семечкина и Р.А. Зиганшина «К вопросу о методических подходах при построении эскизов таблиц хода роста» (Семечкин, Зиганшин, 2010) в критическом стиле обсуждается наша статья в этом же журнале «О ходе роста древостоев. Догматизм в лесной таксации» (Разин, Рогозин, 2010). Проведем анализ замечаний оппонентов и выявим причины разногласий.

Оппоненты в целом признали нашу «низвергающую» критику существующих таблиц хода роста (ТХР) нормальных (сомкнутых, полных) древостоев: «...Нужно согласиться с авторами, что следовало бы эти таблицы называть по-другому: «Возрастной ряд полных древостоев класса бонитета (типа леса) в статистике». Специалисты это знают, в том числе из лекций проф. Н.В. Третьякова в ЛТА в 40-е – 50-е годы прошлого века, а неспециалисты, дилетанты считают эти таблицы истинным ходом роста, выводят из них «законы» роста леса, которые далеки от истины. Но в лесном деле полно таких «неточностей». С дилетантизмом в науке надо бороться».

К такой оценке у нас имеются следующие уточнения.

1) Нами предлагалось не просто изменить название критикуемых ТХР, а признать их ложными, вводящими в заблуждение и квазинаучными.

2) Предлагалось именовать таблицы **статичными** (можно и возрастным рядом в статике), но не возрастным рядом «в статистике» – по-видимому, в последнем термине просто ошибка. Это разные термины и принято в подобных случаях писать «в статике», «статичные».

3) Н.В. Третьяков и специалисты никогда про это не писали (хотя, возможно, говорили об этом и обсуждали проблему – но без публикаций о ней). Иначе критические статьи Г.С.Разина на эту тему не отвергались бы тремя лесными журналами в 1960-е годы, а журналом «Лесоведение» даже в 1982 г.; и в своей книге В.В. Кузьмичев (1977) непременно написал бы об этих ТХР как об ошибочных – но он этого не сделал; и все справочники таксатора не были бы переполнены подобными ТХР без каких-либо замечаний к ним. Возможно, в лекциях Н.В. Третьякова говорилось следующее: а) есть 3 типа развития древостоев и идея всеобщих ТХР несостоятельна; б) ТХР нужно составлять по типам леса, а не по классам бонитета; в) что ТХР получаются только по историческому методу, а в других случаях получают лишь эскизы таблиц.

Но одно дело знать и признавать какое-либо явление и совсем другое – это явление объяснить и использовать. Вот с этим плохо, и причины этого мы объясняли, а пока последуем далее по тексту статьи оппонентов: «Однако авторы принимают те же способы и вносят в исследование те же приемы, которые сами критикуют…». Смысл термина «приемы» может быть разным. Приемы обработки данных могут быть одинаковы, но компоновка выборок для линий регрессии на полях корреляции могут быть различны. Именно такие различия и привели нас к разработке ТХР, обладающих новизной.

Оппоненты комментируют нашу методику в целом следующим образом: «За основу принято поле распределения древостоев ТУМа по среднему диаметру, поделенное на страты (разряды, полоски) – всего 15 полосок. Каждой полоске средних диаметров приписывается одна начальная густота и гомогенность хода роста … Каждая полоска принята априорно за естественный гомогенный ряд, дающий истинную динамику всех таксационных показателей каждого древостоя определенной начальной густоты. Связь между стратой (полоской) средних диаметров и начальной густотой и всей динамикой таксационных показателей принята функциональной, а не вероятностной».

Комментарии содержат три не совсем правильно освещаемых позиции (ниже они выделены курсивом):

1) «Каждой полоске… *приписывается* одна начальная густота».

Начальную густоту мы не приписывали, а рассчитывали как среднюю для каждого класса густоты и ее численное значение взято на основе анализа данных.

2) «…полоска принята *априорно* за естественный гомогенный ряд».

Априорно – значит до опыта. Суть нашего опыта (моделирование динамики) в том, что данные в полоске находятся не наблюдением за древостоями в течение 100-

120 лет, а после выяснения историй развития некоторого множества разных по возрасту и густоте древостоев с использованием в качестве «гид-линий» пробных площадей с повторным наблюдением. И это главное в методике. Историю же древостоев «записывает на себя» сбег стволов. Он является строгим критерием при отнесении древостоя к классам начальной густоты. Именно в этом состоит новизна нашего способа, что максимально приближает его к историческому способу. Но именно эту позицию оппоненты обходят молчанием.

3) «Связь между стратой средних диаметров и начальной густотой принята *функциональной, а не вероятностной*».

Мы согласны, что связь вероятностная, так как данные лежат вокруг линии связи в виде облака. Но мы не считали нужным это подчеркивать, так как вероятностная природа таксационных показателей общеизвестна.

Далее написано: «По авторам, наиболее продуктивны древостои минимальных начальных густот… что не подтверждается практикой создания лесных культур. Они смолоду стихийно зарастают быстрорастущими лиственными…сохранить их чистыми не удается… По авторам, в очень редких смолоду древостоях нет естественного отпада вообще до 30-летнего возраста. Начальные средние высоты древостоев этих моделей, а также рис. 6, свидетельствуют, что у авторов нет материала по этим рядам густоты до 30-40 летнего возраста, что данные получены по аналогии с рядами других, более представленных рядов начальных густот».

Продуктивность редких культур в молодости, действительно, ниже, но в старших возрастах она очень высока. Наиболее убедителен известный факт Линдуловской рощи из лиственницы, созданной в 1743 г. с густотой 555 экз./га; посадки эти в возрасте 160 лет имели: густоту 395 экз./га, $\Sigma g = 70$ м^2, $M = 1179$ м^3 (Товстолес, 1907). А упрек в том, что «…сохранить их чистыми не удается» – это вообще-то к практике выращивания культур, т.е. к совершенно другой проблеме.

Во-вторых, оппоненты не заметили наличие отпада до 30-летнего возраста: он указан, начиная с 10 лет (см. Nотп). Другой факт, что деревца еще малы и как древесина не учитывались. В-третьих, начальные средние высоты древостоев моделей 11-15, а тем более динамика густоты на рис. 6 никак не говорят о том, что у нас нет материалов по этим рядам густоты до 30-40 летнего возраста. В таблицах для этих моделей зафиксирована густота древостоев (а значит и отпад). Оппоненты просто не сверились с таблицами и не поняли рис. 6, который урезан по высоте для уменьшения объема, а не потому, что не имелось данных. Линии нами получены никак не по аналогии, а найдены при выяснении характера связи между динамикой сомкнутости крон и густотой: в этой корреляционной связи снижение густоты начинается лишь после достижения предела по сомкнутости крон. А равенство высот в младшем возрасте означает, что густота влияет на высоту, начиная с сомкнутости полога более 0,8.

Далее на стр. 74 читаем: «В моделях нет оптимума густоты (среднего диаметра). В действительности в определенных условиях местопроизрастания имеется максимум встречаемости среднего диаметра... Значит, имеется максимум встречаемости густоты древостоев элементов леса, наиболее отвечающим условиям среды».

Здесь ключевой момент разногласий – разное понимание задач моделирования и расхождение в представлениях о главных, определяющих развитие, характеристиках древостоя. Оппоненты считают таковым близкое к нормальному распределение древостоев по средним диаметрам и ведут речь о наибольшей частоте встречаемости древостоев с разными средними диаметрами по классам возраста и далее – о свойственной им густоте в пределах конкретного типа леса, со ссылкой на ельники Ленинградской области. Как и ожидалось, в классах возраста есть древостои с разными средними диаметрами. По нашему мнению, это связано с различием по текущей и по первичной густоте. Однако авторы использовали материалы лесоустройства, а там густота не указывается. Данные показывают частоту древостоев с разными средними диаметрами. По ним и находят модальные по густоте древостои. Но полученные оппонентами результаты нельзя считать «оптимумами средних диаметров», а косвенно и «оптимумами густоты», ибо наибольшая частота встречаемости говорит просто о модальности, но никак не об оптимальности в отношении развития и долговечности древостоев.

Вероятно, оппоненты считают, что для составления ТХР по классам начальной густоты необходимо знать частоту встречаемости древостоев с различной густотой, но для какой цели это нужно – пояснений нет. Если найти крайние варианты по начальной густоте, то модальный вариант найдется без затруднений. Крайние густоты встречаются редко, но информация по ним важна. Однако оппоненты считают важным найти наиболее часто встречающиеся густоты, которые, по их мнению, и будут «оптимальным экологическим» рядом в пределах типа леса.

Далее написано: «Чем меньше начальная густота, тем продуктивность выше. Это значит, что самый продуктивный еловый лес – это еловый сад или плантация со свободным стоянием деревьев (около 400 шт. на га). А это уже крайность – организмоцентризм, индивидуализм, садоводство, но не лесоводство. Качество получаемой древесины (прямоствольность, очищенность от сучьев и др.) достигаются сохранением оптимальной густоты древостоев во всех возрастах до возраста рубки... Создается также впечатление, что авторы в очень густых и густых насаждениях имели дело с пробными площадями маленькой величины, когда пересчет на гектар некорректен вследствие огромной изменчивости».

Во-первых, у нас идет речь о начальной густоте 1 тыс. экз. на га и более, а никак не 400 шт./га – не следовало бы так искажать факты. Мы никогда не рекомендовали создавать такие редкие древостои. Во-вторых, при начальной густоте 1 тыс. шт./га ельник становится сомкнутым и оптимальным по густоте и запасу (500 м³/га) уже в 50-60 лет. Наконец, «впечатление» не может служить причиной подозрения в том, что мы закладывали очень малые пробные площади в густых древостоях. Нет, мы не допускали некорректности и закладывали пробы в них так, чтобы краевой эффект на них не влиял.

Обсудим упоминание, что влияние густоты на рост леса изучалось многими. В. Ф. Лебков (1965) связал *текущую* густоту со средним диаметром и предложил свою методику составления ТХР древостоев различной густоты, но Г. С. Разин (1966) этот подход раскритиковал и с этой старой статьей оппоненты оказались незнакомы.

Далее оппоненты изложили следующие выводы :

«1. Переход на более производительные линии в результате рубок ухода не доказан, голословен, выдается за революционное предложение в лесоводстве, увеличивающее производительность лесов.

2. У авторов нет экологического оптимума древостоев ТУМа, выразившегося в одновершинной, близкой к нормальной кривой распределения по среднему диаметру, за которым следуют и наиболее распространенные густоты лесов ТУМа.

3. Законы, частные интегральные, лесоводам известны, но в абстрактном виде не могут быть приняты, а работают с поправкой на ТУМ (тип леса) и динамику их экологических условий.

4. Не доказана гомогенность условий ряда полосок среднего диаметра в связи с возрастом. Как задумано, так и получено, естественного перехода древостоев из густых в редкие и обратно не предусмотрено. Только при уходе».

Первый вывод оппонентов основан на невнимательном анализе нашего метода и незнании литературы, на которую есть ссылки.

По выводу 2 имеются следующие пояснения. «Экологический оптимум густоты» мы можем указать по информации из наших исследований. Чистые древостои ели в ТУМ C_2 большей частью обнаруживались нами на гарях и землях сельскохозяйственного использования. Именно на таких категориях земель наблюдается широкая амплитуда начальных густот и равномерное расположение деревьев при одинаковом их возрасте, что образует модель развития с четким началом. Средний по начальной густоте («оптимальный», по терминологии оппонентов) древостой находится примерно посередине ряда распределения. В нашем случае он найден посередине рядов линий динамики. В каком-то смысле это будет модальный древостой. Выравненные данные такого древостоя следующие (табл. 1).

Таблица 1. Средние значения диаметра и густоты в еловых древостоях в ТУМ C_2 (в сокращении):

А, лет	10	20	40	60	80	100	120
Дср, см	0.96	3.9	11.8	17.8	21.0	22.6	23.2
N, шт./га	20260	16970	3049	1317	887	726	678

Следует отметить, что таблицу «хода роста» такого модального ельника по этим данным составить можно, но это будет только одна таблица – для ельника с наиболее часто встречающейся начальной густотой в 20 тыс. шт./га. По мнению оппонентов, такая густота и будет оптимальной экологически. Мы с этим категорически не согласны – такие ельники в 120 лет имеют запасы древесины в 2 раза меньше, чем ельники с малой начальной густотой и уже со 100 лет не имеют прироста запаса (0-0.1 м^3/га), что говорит о начале их распада.

По выводу 3 отмечаем, что оппоненты не называют каких-либо законов, работающих с поправкой на ТУМ (тип леса) и на динамику их экологических условий, и если они «известны лесоводам», то надо было бы их сравнить с нашими и показать отличия, но этого не сделано и непонятно, о каких законах идет речь. Если же речь о динамике у других пород и в других типах леса – то это проявления закона в новых условиях, а не поправки к нему.

Для опровержения не доказанности «гомогенности условий ряда полосок среднего диаметра...» в выводе 4 сделаем пояснение: в моделях, составленных по результатам отбора проб в полосках среднего диаметра, отклонения по ΔHF не превышают показателей HF в молодняках $\pm 12\%$, а в средневозрастных и старше $\pm 7\%$, что меньше нормы. Последнее же предложение в выводе 4 говорит о предубеждении и невнимательном анализе, при котором рисунок 6 и модели 1-15 объявлены «задуманными». У нас густые древостои с возрастом *становятся* с меньшей текущей густотой, т.е. вопреки выводу оппонентов у нас *предусмотрен* естественный переход древостоев из густых в редкие.

Далее на стр. 75 и уже после выводов 1-4 начинается новое обсуждение нашей статьи; по-видимому, до этого места писал один автор, а далее – другой. Но не будем обращать на это внимание и продолжим обсуждение, считая, что статья написана ими совместно. Далее написано: «Для динамики среднего диаметра древостоя у данных авторов принят метод полосок. Подобным образом делил на разряды густоты по величине среднего диаметра и В. Ф. Лебков. Ссылок на него в работе нет. Таким образом, основным допущением в рассматриваемой работе является гипотеза об одинаковой динамике (одинаковые производные в единицу времени) средних диаметров древостоев в условных разрядах густоты, принятых авторами. А этот факт еще никем не доказан».

Во-первых, оппоненты путают наш подход с подходом В. Ф. Лебкова (1965), хотя они отличаются кардинально. Мы не ссылаемся на его работы, потому что в специальной статье (Разин, 1966), его «разряды густоты» нами были забракованы. Во-вторых, гипотеза оппонентов не имеет к нам никакого отношения – ее выдвинул В. Ф. Лебков, а мы показали ее ошибочность. Так что здесь все перевернуто и оппоненты просто наговаривают на нас, считая наш подход таким же, как у В. Ф. Лебкова.

Далее написано: «В работе нет естественных рядов древостоев на ход роста, хотя и правильно предлагается глубокий учет условий (ТУМ), но авторы не доводят свое требование до логического (ландшафтного) подхода, нет никакой классификации по местоположениям и формам рельефа. Дело в том, что в разных условиях рельефа может быть одинаковый ТУМ, но не одинаковые древостои в одном возрасте. Поэтому данный подход авторов статьи (градации условий только по одному типу условий лесопроизрастания) совершенно не подходит для горных условий и хромает в условиях равнинного рельефа. На самом деле …линий (типов) роста гораздо больше, чем предполагается авторами в их моделях».

Во-первых, то, что нами не упомянут ландшафтный подход не является доказательством отсутствия естественных рядов. Перед нами стояла задача составить ТХР для определенных условий, где склоны доходят до 3° и нет необходимости их учитывать. Наши ТХР даются для равнины и для ТУМов, представленных наибольшими площадями и почему «подход хромает» в других условиях оппоненты не поясняют, но ссылаются на фрагменты своих наблюдений (но не на модели и ТХР). Да, в других условиях и модели будут другими, но наш «подход» к моделированию оппоненты не проверяли; вместо этого сравниваются фрагменты результатов, полученных с использованием других (прежних) методов да к тому же и на другой породе. О том, что «в природе типов роста гораздо больше» нам известно, и мы даже посвятили этому специальный обзор, где показаны и позиции генетиков и селекционеров (Рогозин и др., 1986). А упрек в том, что мы предложили мало моделей упирается в финансы. Будут деньги – будут и другие ТХР для разных пород и условий.

Далее написано: «…один ТУМ в спелом возрасте … не гарантирует полную однородность условий роста в случае мелкопрофильных фрагментозных почв. Это говорит о том, что при построении ТХР на эдафической основе, нельзя искусственно отбраковывать часть насаждений по таксационным критериям, а наоборот, надо охватывать в каждом возрасте как можно больший круг древостоев, поскольку ТХР, как правило, создаются для большой совокупности насаждений. Поэтому данная разработка больше похожа на кабинетную, чем на естественную, природную. Т.е. это не подтвержденная наблюдениями в естественных условиях гипотеза».

Здесь возражения самые серьезные. Во-первых, для выявления какой-либо закономерности нужно очистить выборку от «шума», в особенности экологического, что мы и сделали, ограничив условия, а уже потом выяснять, как же закономерность проявит себя в других случаях. Оппоненты же требуют от нас всего и сразу. Но нельзя объять необъятное, и большая работа всегда начинается с малого. Во-вторых, рекомендация охватывать в каждом возрасте как можно больший круг древостоев правилен, но ТХР всегда создавались не «для совокупностей», а *на основе анализа совокупностей*. ТХР по всем методикам создают для отдельного типичного древостоя одного естественного ряда, но никак не для их совокупностей.

В-третьих, простое увеличение числа пробных площадей в пределах типа леса, ТУМ, экотопа, не обеспечивает получение более точного гомогенного ряда и, соответственно, получение адекватных моделей динамики без обязательного подразделения на классы по начальной густоте.

В-четвертых, утверждение оппонентов о том, что «данная разработка – это не подтвержденная наблюдениями гипотеза» обнаруживает незнание ими вопроса влияния густоты лесных культур на их развитие. Проблема известна давно, но оппоненты ее считают, видимо, специфически лесокультурной и игнорируют. Но мы все же благодарны им за признание ее гипотезой, т.к. хорошая гипотеза – это уже почти открытие.

Далее написано: «Авторы говорят, что располагали 53 пробными площадями с длительным сроком наблюдения… построено 15 моделей роста и развития, следовательно, в среднем 53:15, менее чем по 4 пробные площади на одну модель роста... И где гарантия, что подобные древостои действительно составляют естественный ряд, если по таблицам моделей бонитет насаждений в течение онтогенеза прыгает от IV к I. Когда мы в своей практике подбирали естественный ряд сосняков в Томской области в объекте, где на мощных боровых песках в одном зеленомошном типе леса чистые сосняки в разных возрастах имели очень высокую густоту и солидную полноту (в возрасте около 30 лет 15-17 тысяч деревьев на 1 га), то колебания бонитета не превосходило одного класса. Это ряд на типологической основе».

Во-первых, наличие 3-4 пробных площадей с повторными наблюдениями на каждый естественный ряд многими авторами методик считается хорошим подходом, так как из них получается 3-4 отрезка ведущих и указывающих линий динамики («гид-линии» на графике), причем они не существуют в безвоздушном пространстве, а имеют соседей, которые их контролируют.

Во-вторых, оппоненты намеренно компрометируют нас, не упоминая 253 использованных нами пробных площади с однократным наблюдением – в среднем по 17 на естественный ряд, тогда как считается достаточным 12.

В-третьих, ельники до 20 лет растут медленнее сосняков и поэтому у них бонитеты в молодняках низкие –

из-за использования бонитетной шкалы, составленной для сосняков. Это аксиома для таксаторов-профессионалов.

Далее рецензентами написано: «В ТХР... кроме варьирования классов бонитета, наблюдаются и другие оригинальные метаморфозы. Судя по рис.1 редкостойные древостои с 25-30 лет и далее до 160 лет имеют лучший рост по высоте, чем более густые .... На самом деле для хорошего прироста по высоте должна быть оптимальная густота. И слишком густые и тем более редкие древостои должны уступать в росте по этому таксационному показателю. В нашем примере по Тимирязевским борам в возрасте 25-30 лет древостои редкостойные (5-6 тысяч стволов на 1 га) не уступали древостоям густым (16-17 тысяч деревьев на 1 га) в средней высоте, но и не превосходили, в возрасте 80 лет уже уступили более 5 м и лишь к возрасту спелости (115-120 лет их средние высоты сближались (25-26 м.). Следовательно, все не так однозначно, как у рассматриваемых авторов».

С первой «метаморфозой» мы разобрались выше. Теперь о другой: «...И слишком густые и тем более редкие древостои должны уступать в росте по этому таксационному показателю». Хотя оппоненты не указали, но понятно, что они должны уступать в росте древостоям со средней («оптимальной») густотой. Но совершенно непонятен довод, почему же древостои «должны» уступать. Получается голословное утверждение. Во-вторых, приведенный авторами пример не является опровергающим наши ТХР аргументом, так как надо объяснить причины, почему редкие сибирские сосняки, которые вначале отстали от густых на 5 м, затем вновь наверстали 4 метра по высоте и почти догнали более густые. Причиной появления такого невероятного примера у оппонентов является то, что они привели данные в статике, а не в динамике и история развития этих сосняков невыяснена. Пусть они сами себе попытаются объяснить, почему редкостойные сосняки вначале росли одинаково с густыми, потом вдруг отстали на 5 м и затем опять почти догнали густые; не следовало бы использовать этот пример как уже доказанную природную закономерность и как аргумент, вызывающий недоверие к нашим моделям; наконец, этот пример – не из ТХР, а всего лишь фрагменты статичного ряда и поэтому пример не является научным фактом в качестве аргумента в споре.

Далее читаем: «На графике изреживания числа деревьев (рис. 6) для густых древостоев с возраста 60 лет показаны ... неправдоподобные (в частности для сосны) густоты в 1250-1500 стволов, тогда как здесь должно быть 3-4 тысячи деревьев. Не понятен и резкий скачок снижения густоты в возрасте 45-50 лет для редкостойных древостоев. Занижена густота для 80-100-летних древостоев».

Во-первых, на рис. 6 приведен график динамики числа живых деревьев, а не «график изреживания». Во-вторых, оппоненты, говоря о заниженной густоте, апеллируют к соснякам. Но такое сравнение некорректно и показывает только то, что густоты в них отличаются из-за биологии пород. Для последнего утверждения нужно осуществлять сравнение при равных условиях – по экотопу, по лесорастительной зоне, да еще и по начальной густоте. В-третьих, оппонентам «не понятен резкий скачок снижения густоты в возрасте 45-50 лет для редкостойных древостоев» и другие случаи. Дело в том, что регулятором густоты является взаимное перекрытие крон деревьев (показатель сумм площадей проекций крон, проще говоря, сомкнутость крон) в его динамике и отпад деревьев резко увеличивается после достижения предела сомкнутости крон в каждом естественном ряду. Оппоненты таких исследований не проводили, поэтому сомневаются и именно в этом причина неприятия и критики наших результатов. Нужна проверка и анализ нашего способа моделирования, а не сомнения в его результатах. В-четвертых, заниженность густоты древостоев в возрасте 80-100 лет (и старше) связана с тем, что у них уже снизились сомкнутость, полнота и т.д., и все показатели взаимосвязаны – произвольность здесь просто невозможна.

Далее оппоненты написали: «В отношении динамики сумм площадей проекций крон (рис. 7) уравнение или близкие значения этого показателя для густых и редких древостоев в 35-40 лет, для условий Сибири не подтверждается. У авторов статьи к 100-120 годам разница в сумме проекций крон густых и редких древостоев достигает 6 тыс. м^2/га, причем у редких она больше. По нашим наблюдениям в сосняках южной тайги Сибири тенденция обратная – у густых древостоев она больше».

Оппоненты не ссылаются на свои методики, публикации и число пробных площадей, без чего невозможно объективное сравнение результатов. Но нам понятна причина расхождений с исследованиями оппонентов, которые не находили естественные ряды. У них отнесение древостоев к густым и редким происходит по текущей густоте (которая в динамике меняет ранги иногда до наоборот); у нас же фигурирует начальная густота, которая не изменяется, даже если ранги по текущей густоте и поменялись: древостой называется густым либо редким по начальной классификации, которую выясняют анализом истории развития древостоя. Наконец, у сибиряков результаты противоречат данным строгих экспериментов по выращиванию культур сосны с разной густотой (Рябоконь, 1979, 1990) и в лесной опытной даче Тимирязевской СХА (Итоги..., 1964).

В таблице хорошо видно [здесь была таблица, которую мы приводим в разделе 2 (см. табл. 2.3)], как от начальной густоты зависит высота, набор максимума полноты, как ранги текущей густоты меняются на противоположные. Все показатели взаимозависимы и подтверждают сформулированные нами законы. Удивляет невнимание к этим данным, где известна вся история выращивания культур, и которые мы анализировали еще в 1966 г. и которые инициировали наши гипотезы и последующие исследования динамики древостоев. Там же есть данные и по естественным соснякам (Итоги, 1964).

Поэтому апелляция оппонентов к закономерностям в ельниках Пермского края, как к частным законам, не выдерживает критики при первом же сравнении на другой породе. Оппонентам следовало бы объяснить, какие же причины у них приводят к другим результатам, а не считать их сразу «природной сибирской закономерностью».

Далее написано: «График на рис 8 по динамике сомкнутости проекции кроны в густых древостоях подобен предыдущему, только что рассмотренному».

Однако на рис. 8 показана динамика сомкнутости полога, а не сомкнутости проекций крон. Это разные показатели и определяются они по разным формулам. Во-вторых, их динамика в густых и редких древостоях не подобны: у сомкнутости крон пределы доходят до 2.0 и более, а у сомкнутости полога возможный предел равен 1.0 либо близок к нему, но никогда не бывают больше.

Далее написано: «На рис. 9 сумма площадей сечения для густых древостоев достигает своего максимума в 45-60 лет …, а в южной Сибири – в 60 лет, причем в отличие от пермских ельников этот показатель у густых древостоев Сибири значительно выше, чем у редкостойных по крайней мере до 120-150 лет»

Во-первых, корректное сравнение следует осуществлять только при прочих равных условиях, например при одинаковых породах (ель с елью). Динамика у них отличается просто потому, что это разные породы и различия между ними в порядке вещей.

Во вторых, утверждение оппонентов о том, что Σg у густых древостоев Сибири выше, чем у редкостойных, до 120-150 лет, на наш взгляд, явно ошибочно – естественные ряды древостоев по начальной густоте оппоненты не находили. Далее допущена та же ошибка при сравнении густых сосняков на дюнах с редкими сосняками южной тайги Сибири в мезофитных и ксеромезофитных условиях: не выяснена даже приблизительно начальная густота (история древостоя). Вероятнее всего, 145-летний густой (по текущей густоте) сосняк был в молодости редким, а с возрастом его ранг по текущей густоте повысился.

Далее на стр. 77 написано: «Авторы, рассуждая о наблюдаемых ими в пермских ельниках закономерностях (необоснованно называя их всеобщим законом) приходят к ошибочным выводам. Никогда редкостойный древостой до возраста спелости не достигнет показателей густых древостоев по средней высоте, сумме площадей сечения, сумме проекций крон и запасу. Другое дело, если бы говорили об оптимальной густоте. Но понятием «оптимальная густота» они не оперируют. С критикой шаблонных методик других авторов, которых они упоминают в своей работе, следует согласиться».

К этим рассуждениям имеются самые серьезные претензии. Странно получается: если бы закономерности в пермских ельниках мы не назвали всеобщим законом, то мы не пришли бы и к ошибочным выводам. Во-вторых, утверждение о наших ошибочных выводах никакими новыми ТХР и результатами моделирования по динамике древостоев оппоненты не подтвердили – кроме как упоминанием о некоторых отдельных наблюдениях, не выстроенных в динамический ряд, а если уж совсем правильно, то в динамические ряды с учетом начальной густоты. В-третьих, получается, что «другое дело, если бы мы говорили об оптимальной густоте», и что тогда бы не было «ошибочных выводов». Однако рецензенты не дают ссылок на публикации по ее значимости для моделирования и поэтому их упреки в этом вопросе повисают в воздухе. Дело в том, что ценозы с разной начальной густотой оказываются «оптимальными» по густоте в разных возрастах. До и после этих возрастов они не оптимальны и эта закономерность много раз освещалась нами. Так, к динамике древостоев лесных культур едва ли можно выразить недоверие – здесь известны начальная густота и ее классы (табл. 3).

Таблица 3. Выравненные таксационные показатели древостоев лесных культур ели лесничих Теплоуховых. Пермский край, ТУМ C_{2-3} (по Разин, Рогозина, 1986)

Таксационные показатели	Возраст, лет	Таксационные показатели в древостоях с различной начальной густотой			
Начальная густота, экз/га	10	8500	6000	4800	3550
Текущая густота, экз/га	20	8200	5850	4680	3450
	40	5640	4845	3850	3150
	60	3105	2970	2945	2700
	80	1045	1425	1790	1710
Средняя высота, м	20	3.3	3.4	3.5	3.5
	40	12.2	13	13.2	13.4
	60	16.3	17.2	17.4	17.8
	80	19.7	20.4	20.0	21.5
Сумма площадей сечения, м²/га	20	10.3	8.9	7.4	5.5
	40	***41.7***	***44.4***	44.3	43.5
	60	38.7	44.4	***52.0***	***55.6***
	80	20.5	31.6	43.5	47.0
Запас древесины, м³/га	20	24	21	17	13
	40	269	311	297	296
	60	***326***	***392***	448	480
	80	209	331	***461***	***513***

41,7 – выделены наибольшие значения полноты и запаса.

Наконец, обсудим заключение оппонентов:

1. Рассматриваемыми авторами не учтен такой важнейший показатель условий роста как рельеф (не принимаются во внимание форма рельефа, форма поверхности склонов, экспозиция, каменистость и глубина почвенного профиля.

2. Разными законами названы разные стороны (разные таксационные показатели) одного принятого авторами постулата: редкостойные древостои с возрастом

превосходят густые по сумме площадей сечений, по сомкнутости и полноте, по запасу и по долговечности. На самом деле, в основе здесь рассматривается одна закономерность, вернее одно допущение авторов.

3. Выявленная для пермских лесов закономерность, не является всеобщим законом, поскольку закон действует независимо от места и времени. В данном случае предлагаемые закономерности не подтверждаются в насаждениях Сибири».

Во-первых, оппоненты лишь формально имеют право упрекать нас за неучет рельефа и глубины почвы. Мы даем модели для наиболее распространенных условий, но закон, которому эти модели подчиняются, действует везде и доказательства его действия были получены на лесных культурах гораздо раньше нас.

Во-вторых, мы выдвигаем не постулат, а объясняем сложное динамическое явление, исследования которого на уровне моделей процесса выполнялись впервые и результаты изложены путем формулирования законов и закономерностей. В экологии подобных законов и правил уже около 20. «Допущений» и «постулатов» у нас нет; имеются доказанные опытами других авторов на других породах и нашим моделированием в ельниках закономерности, которые по своей сущности являются законами («правилами»).

В-третьих, утверждение о том, что «предлагаемые закономерности не подтверждаются в насаждениях Сибири» преждевременно – здесь не найдены пределы коэффициентов сомкнутости крон и не установлена динамика этого важнейшего признака, запускающего динамику отпада и регулирующего текущую густоту. Без выяснения этой закономерности невозможно создать адекватные модели возрастной динамики. Игнорирование этого означает пренебрежение к биологии лесных пород.

В завершение оппоненты написали в резюме: «Не учтена имеющаяся в природе многовариантность условий роста. Предлагается тупиковая одновариантная модель, которая, отрицая старый догматизм, ведет к догматизму новому. Для обретения статуса закона, любая закономерность должна быть всеобщей и повсеместной независимо от древесной породы и района произрастания. Здесь же этого не наблюдается. В целом же, предложение о необходимости разворачивания дискуссии по вопросам хода роста следует приветствовать, поскольку в вопросах методики до сих пор много догматизма».

Здесь возражения такие. Во-первых, выдвинутый нами закон и закономерности нельзя сводить к «одной модели». У нас не «один вариант модели», а 15 моделей, отражающих действие одного закона; закон работает и в других условиях, но другое дело, что моделей для них пока нет. «Тупиковость» нашей «модели», вообще-то, следовало бы доказывать, и ***проверить ее работу при моделировании динамики***, а не по отдельным наблюдениям в сосняках Сибири.

Во-вторых, наш метод предусматривает как раз многовариантные модели (разные линии развития) вместо всего 2 вариантов прежних моделей в виде таблиц полных (вариант 1) и таблиц модальных древостоев (вариант 2). И оппоненты просто наговаривают на нас, упрекая в моделировании по одному варианту.

В-третьих, «постулат» о зависимости роста и развития древостоев от первичной густоты таковым быть не может (постулат – это утверждение, принимаемое за истинное без доказательств) и догмой быть также не может. Догма вначале должна появиться, утвердиться и действовать длительное время, а этого как раз и нет. Значит, эффектное и «гипнотическое» заключение оппонентов о постулате, а также опасения о появлении новой догмы высказаны в адрес несуществующих явлений.

Заключение

1. Наша методика моделирования динамических процессов сводится оппонентами к одному «подходу» -

учету первоначальной густоты. Но в ней еще два подхода: изучение сомкнутости крон как главного показателя в развитии древостоя и изучение формы (сбега) ствола как показателя, отражающего историю конкуренции в древостое. Эти три аспекта максимально приближают методику к историческому способу моделирования динамики и в этом ее отличия от других методик.

2. Оппоненты приписывают нам методику В.Ф. Лебкова с разделением древостоев на страты по текущей густоте. Она неверна и мы писали об этом еще в 1966 г. Наша методика классифицирует древостои по начальной густоте. Ее влияние приоритетно и это доказано длительными опытами, причем не нами и как раз для сосновых древостоев; поэтому считать влияние начальной густоты «постулатом» неверно.

3. Рассматривая лишь один аспект нашей методики – начальную густоту – (причем подменяя ее при анализе текущей густотой) и не рассматривая еще два, без которых она бессмысленна и которые являются также основными, оппоненты называют наш закон «допущением», «кабинетной гипотезой» и в конце – «одновариантной моделью». У нас 15 моделей и как их называть – «вариантами одновариантной модели»? Это разные модели, но их развитие идет по одному закону.

4. Оппоненты не проверили нашу методику получения данных для моделирования ТХР, поэтому им непонятны и проявления закона развития одноярусных древостоев.

Резюме. Действие нашего закона развития простых одноярусных древостоев в сосняках Сибири оппоненты обсуждали без нахождения данных, обязательных для этого: начальной густоты, сомкнутости крон с фиксацией ее динамики и нахождения гомогенного ряда древостоев; не составлены эскизы ТХР с различной начальной густотой, а анализ проведен по фрагментам ряда наблюдений в статике. Поэтому выводы и резюме И.В. Семечкина и Р.А Зиганшина поспешны и некорректны.

4.3. Ход роста древостоев в таблицах и математических моделях

С критикой Г.С. Разина выступил также В.Ф. Багинский в журнале «Лесное хозяйствово» в №2 за 2011. Мы подготовили ответ на его статью, однако на редакцию, вероятно, было давление, и статью не приняли; кроме того, не в традициях журнала было цитирование более 5-8 источников литературы, а у нас их было 30, и без них нельзя было обойтись. Затем мы направили ее в журнал «Лесная таксация и лесоустройство», однако ответа не получили. Ниже мы помещаем ее в сокращении.

Возражения В.Ф. Багинского (далее «автора») начинаются со следующего: «Почему таксаторы, зная недостатки бонитетных шкал, и критериев полноты 1,0, тем не менее ими пользуются? …Чтобы прояснить этот вопрос, проанализируем, для чего нужны ТХР… Нравится нам или нет, но сегодня основное реальное использование ТХР – это выведение на их основе стандартных таблиц сумм площадей сечений и запасов при полноте 1,0. Последние применяют при проведении инвентаризации лесного фонда, т.е. фактически ТХР опосредованно нужны для лесоучета. Эту функцию они выполняют, а на большее не претендуют. Зачем же копья ломать?».

Во-первых, здесь не упомянуты и другие полезные функции ТХР, в том числе – главное их назначение: они нужны, чтобы показать возрастную динамику древостоев (ход роста) в зависимости от условий, формы, густоты и т.д. и они должны быть динамическими. И если ТХР не адекватны фактической динамике, то тогда оказывается, что лесные науки еще мало знают о главных моментах в жизни элементов леса. Но что еще важнее – без адекватных ТХР нельзя прогнозировать будущее лесных насаждений. Автор умалчивает об этом главном их назначении, упоминая только опосредованное их использование для «выведения стандартных таблиц» и тем самым уводит дискуссию в сторону. Но сейчас мало кто так делает – стандартные таблицы составляются более просто статистическим способом, а не опосредованно через ТХР. Затем автор напоминает известное всем таксаторам ее использование: «стандартная таблица позволяет узнать $\sum g$ и М древостоя «при достижении определенной высоты (возраста) при заданной полноте». Сразу заметим, что в этой таблице **нет возраста** (он для нее не нужен), она статична и не обеспечивает никакого прогноза показателей при достижении определенного возраста, как это можно подразумевать из слов автора.

Далее автор пишет: «Здесь можно развернуть дискуссию о верности принципа $G(M)=f(H)$ и показать, что в ряде случаев он строго не выдерживается…».

Отметим, что этот принцип действительно соблюдается только в нормальных древостоях с полнотой 1.0, а «ряд случаев» является состояниями с меньшей полнотой, где он не работает и которых в природе гораздо больше, чем состояний с полнотой 1.0. Но такая дискуссия вновь уводит нас в сторону.

Затем автор пишет: «Отражают ли ТХР, составленные на бонитетной основе, рост одного древостоя? Для меня, как таксатора, даже удивительна такая постановка вопроса… Ответ известен: с абсолютной точностью нет, отличия могут достигать величины 3-кратного среднеквадратического отклонения. Все знают, что эти таблицы применяют для совокупности первичных единиц измерения – выделов и т. д… ТХР – не исключение».

Далее автор сравнивает сортиментные таблицы и ТХР, т.е. сравнивает таблицы в статике и таблицы в динамике. По В.Ф. Багинскому «Если сортиментные таблицы составлены для совокупностей, то и ТХР – не исключение и должны также применяться для упомянутых совокупностей» (т.е. для одного выдела их применение чревато отклонениями, достигающими 3-кратного среднеквадратического). На правомерность такого паллиатива есть возражение: ТХР – модели динамики, а сортиментные таблицы статичны и сравнение этих разных таблиц приводит к нарушению принципа подобия сравниваемых явлений, что логически недопустимо, как, например, сравнение-загадка: кто сильнее – кит или слон?

Проясним возникшую неясность и по термину «совокупность». В Толковом словаре русского языка (Ожегов, Шведова, 2007) «совокупность – это сочетание, соединение, общий итог чего-нибудь». Проф. Н.В. Третьяков писал: «Совокупность элементов леса надо представлять как множество древостоев, качественно однородных в каком либо одном или нескольких отношениях. Единицей наблюдения этой совокупности служит один отдельный древостой элемента леса подобно тому, как для совокупности отдельных деревьев – одно единственное отдельное дерево. В производстве фигурирует важнейший объект лесной таксации – совокупность отдельных древостоев элемента леса. Его нельзя смешивать с другим объектом – лесным массивом» (Третьяков и др., 1952, с. 57).

Однако В.Ф. Багинский с легкостью их смешивает и ставит знак равенства между совокупностью выделов и совокупностью деревьев. Может быть, появился какой-то новый метод составления ТХР именно для совокупностей древостоев, но об этом автор и его соратники (Швиденко и др., 2003) умалчивают. А если так, то нового метода нет, и во вновь изданных ТХР (Швиденко и др., 2008) нет ничего нового.

Как же составляются ТХР и что отражают: рост отдельного древостоя или рост совокупности древостоев?

В Лесной энциклопедии (Лесная ..., 1986) написано: «ТХР – это система числовых данных, расположенных в определенной последовательности по возрасту и дающих характеристику *древостоя* (а не совокупности древостоев, курсив наш) в разные возрастные периоды.... Существует несколько методов составления ТХР: исторический, стационарных наблюдений, указательных насаждений, статистический, типологический и др. Самый надежный и точный способ получения материала для ТХР – стационарные наблюдения за динамикой насаждений».

Этот метод называют историческим. Все другие методы составляют ТХР либо по наблюдениям за ограниченный период лет, либо по однократным измерениям, представляющих естественный гомогенный возрастной ряд. Наиболее распространен метод указательных насаждений. Все методы должны обеспечивать получение указанного ряда и давать ТХР, близкие к полученным по историческому методу – путем нахождения звеньев (вернее, точек) отыскиваемого возрастного ряда. Ход роста «совокупности древостоев» здесь не моделируется, а просто используется некоторое их множество, которое называют в статистике выборкой или совокупностью. Это прямо следует и из методик разработки ТХР, где достаточна всего одна пробная площадь для ступени возраста. Составители ТХР использовали и еще меньшее их число. Например, проф. А.В. Тюрин составил ТХР для двух классов бонитета по 12 пробным площадям, а проф. Гутенберг использовал 24 пробных площади для ТХР по 6 бонитетам – по 4 пробы на одну таблицу хода роста (Тюрин, 1931, с. 448, с. 434).

Во всех учебниках говорится, что ТХР составляются для отдельного древостоя. Их используют для оценки и некоторых совокупностей, однако *использование* их для таких целей не является основанием для утверждения, что ТХР *составлены* для совокупностей древостоев – это будет уже подмена понятий. Они применяются для оценки множества древостоев по отдельности, но не их совокупностей, например, хозяйственных секций. И не следует путать особенности *методов составления* таблиц с возможным *использованием* этого продукта.

Далее В.Ф. Багинским написано: «Бонитетную шкалу М.М. Орлова за ее 100-летнюю историю не критиковал только ленивый. И что же? Шкалой пользуются до сих пор. Все дело в ее простоте и, прямо скажем, в определенной искусственности. Главное – она устраивает практику. Что касается изменения класса бонитета древостоя в течение его жизни, на чем особенно акцентирует внимание Г. С. Разин, то кто же этого не знает?»

Конечно знают, но не знают масштабов явления. Считается, что оно редкое и связано с двучленностью почвы, типами роста и т.д. Для выяснения вопроса мы использовали данные наблюдений за 100-летний период в лесной опытной даче Тимирязевской сельхозакадемии (всего 145 пробных площадей). При этом оказалось, что за 50 лет меняют бонитет на 1–3 класса 90.5% древостоев и только 9.5 % сохраняют его без изменений. Поэтому и шкала М.М.Орлова пригодна для таксации только в статике, то есть «здесь и сейчас», из чего следует вывод о ее непригодности для прогноза. И если по ней подбирают ряд для составления ТХР, то по такой таблице (или модели) точно также будет невозможен прогноз роста.

Однако В.Ф. Багинский так не считает: «...В настоящее время модели динамики и их табулированные варианты (ТХР) частично используются для актуализации таксационных показателей в банке данных «Лесной фонд» и в процессе непрерывного лесоустройства. Но и здесь бонитетная основа себя оправдывает, так как лаг прогнозов равен в среднем 5 годам. При больших интервалах уточнения вносятся при базовом лесоустройстве, которое в интенсивной зоне (по крайней мере, в Белоруссии) производят раз в 10 лет».

По-видимому, автора длительные прогнозы для древостоев совсем не интересуют, так как при очередном лесоустройстве запасы леса всегда будут уточнены. Получается, что лесоустройству прогнозы прироста леса также не нужны. Но в них нуждается лесоводство!

А как в других странах, неужели у нас особенный путь? Там искусственную шкалу бонитетов давно не применяют, а производят раздельную бонитировку по породам и верхней высоте. Еще 30 лет назад проф. Н.Н.

Свалов считал это направление результативным и стабилизирующим оценку условий местопроизрастания и оценку прогноза роста древостоев (Свалов, 1978, с. 150). Ныне это направление у нас предано забвению.

Далее автор пишет: «Знали ли авторы критикуемых Г. С. Разиным работ обо всех особенностях ТХР? Конечно знали и понимали. Поэтому и нашли приемлемый выход при разработке моделей и ТХР…».

Во-первых, авторы статьи (Швиденко и др., 2003) и справочника (Швиденко и др., 2008) были вынуждены искать этот выход уже *после окончания работ* над справочником. Если бы они знали всю глубину проблемы и попытались бы ее решать, то не решали бы ее с выходом через старые ворота. Этот «приемлемый выход» оказался, по существу, реанимацией старых ТХР через гипотезу о том, что они были составлены для совокупностей древостоев, а не для конкретных древостоев, как всегда считали их авторы. По-видимому, после смерти непосредственных авторов ТХР такое искажение сущности этих таблиц оказалось уже возможным.

Дополнительно автор подвергает легкому сомнению и саму идею необходимости разработки ТХР по уровням густоты: «Известно, что древостои с разной исходной густотой имеют отличающуюся динамику таксационных показателей… Правда, к 60–65 годам величины запасов в таких древостоях примерно выравниваются, но остается разница в диаметрах и форме ствола. Последний факт еще в довоенное время убедительно доказал Ф.П. Моисеенко… Поэтому составление ТХР по уровням густоты желательно. В то же время в практическом плане сегодня это не имеет большого значения…в условиях интенсивного хозяйства, в частности в Белоруссии, где особого разнообразия древостоев по густоте нет. Так, лесные культуры создаются с некоторой стандартной густотой…6–7 тыс. штук на гектар. Естественные древостои, конечно, более разнообразнее по густоте. Но с возраста 5–7 лет проводят интенсивные рубки ухода… чем практически нивелируют густоту насаждений. Поэтому ТХР, разработанные для модальной густоты, удовлетворяют практику».

Нивелировать-то ее они нивелируют, но вот до оптимальных ли пределов? По нашим данным ***оптимум густоты формирует вдвое больше запасов крупной древесины,*** чем при невнимании к ней. И только ТХР, составленные по начальной густоте, могут правильно ответить на этот вопрос.

Далее автор написал: «Г.С. Разин много рассуждает о неопределенности полноты 1,0 при составлении ТХР. То, что этот показатель – одно из самых «темных» мест в лесной таксации, известно давно. Об этом мы говорим и студентам…».

Сказано загадочно, но – неверно. Г.С. Разин «о неопределенности полноты» не рассуждает, а доказывает несостоятельность концепции длительного существования древостоев с полнотой 1.0, и что нельзя составлять динамические ТХР по древостоям с полнотой, близкой к 1.0, так как она кратковременна, как и всякий экстремум.

Далее читаем: «…возникает вопрос: какие ТХР нам нужны? Ответ будет однозначным: разные – по бонитетам, по типам леса, по густоте и др.… Сегодня же для целей учета леса наиболее значимы таблицы на бонитетной основе с указанием в них типа леса и ТУМ».

Действительно, нужны ТХР разные, но – адекватные естественной динамике и не нужны теперешние, которые не динамические; они отражают состояние дендроценозов в экстремуме (нормальные), либо в их среднем состоянии (модальные). А из их «значимости» для целей учета леса никак не следует их адекватность; реальные древостои в своем развитии их не выполняют, не растут по шкале бонитетов и эти ТХР оказываются ложными дважды – по динамике средней высоты и по динамике полноты. И указание на тип леса и ТУМ это не устраняет.

В конце обсуждаемой статьи оппонент написал: «Прошло более 30 лет. Естественно, этот материал надо обновлять. А.З. Швиденко с соавторами выполнили важную и актуальную, не побоюсь сказать, труднейшую и благородную работу по обобщению, отбору, совершенствованию и дополнению огромного материала по динамике древостоев Северной Евразии. Конечно, это не «венец творения»: и ТХР, и модели будут совершенствоваться, но на сегодняшний день эта работа вобрала все лучшее. За этот труд мы и руководство отрасли должны поблагодарить авторов».

Мы согласны, что А.З. Швиденко с соавторами выполнили действительно большую работу по составлению нового справочника (Швиденко и др., 2008), но имеет ли она новизну, претендуя на нее унификацией множества ТХР? Работа вобрала в себя более двухсот таблиц разных авторов, которые использовали методы, признанные ранее наукой и по которым считалось, что ТХР создаются *для отдельных* древостоев. Но тогда является ли утверждение авторов справочника о том, что все имеющиеся ТХР были созданы для совокупностей древостоев, новым осмыслением прежнего опыта, новой исследовательской идеей? Мы показали, что новизны здесь нет, а есть защита прежних методик моделирования ТХР в новой словесной оболочке с теоретическими блужданиями в шорах существующей гипотетической парадигмы.

Вместо анализа и верификации существующих ТХР длительными наблюдениями их просто собрали и переиздали. И, аргументируя их обилие, В.Ф. Багинский не находит иных аргументов, кроме цитаты из детского стишка «Мамы разные нужны, мамы разные важны».

Ученые-таксаторы первыми обнаружили типы роста естественных древостоев, изучили их разнообразие и методы выделения в натуре, но причины их появления объяснены не были и оставались на уровне общих предположений. Поэтому, несмотря на противоречия и острые дискуссии (Давидов, 1968, 1977; Свалов, 1978) было решено унифицировать разработку новых ТХР и составлять их по статичным таксационным показателям древостоев в разных возрастных периодах, с подбором лишь возрастного ряда для них в натуре по классам бонитета М.М. Орлова. В последующем эти таблицы и другие, появившиеся позднее и составленные на той же методической основе, а также множество так называемых модальных таблиц, и были собраны в новый справочник (Швиденко и др., 2008). Однако приведение этих моделей в систему по-прежнему не позволяло рассматривать их как прогнозные модели. Их неадекватность отмечалась давно и неоднократно (Разин, 1966; Кузьмичев, 1977; Верхунов, Черных, 2007; Разин, 2010).

Признает это и В.Ф. Багинский: «…около 32% линий роста реальных древостоев «сечет» сетку типовых линий роста В.В. Загреева… типы роста существуют и им есть убедительное, хотя и неоднозначное научное обоснование: генетические особенности, структура почвы и т. д.».

Но если им есть «убедительное обоснование», то следовало бы привести примеры. Нам они неизвестны. Может быть, динамика роста древостоев, типы роста и ТХР, которые обязаны их отражать – это разные понятия и их не надо увязывать в одно целое? Тогда, действительно, незачем ломать копья и стулья, на которых «сидят» ТХР полных и модальных древостоев, и нужны «разные мамы»: одна для таксации, другая для лесоведения, третья для выращивания леса, а общая «теория-мама» для объяснения онтогенеза древостоев не нужна. Вот вам и застой в теории, и замшелый догматизм в действии!

Составление ТХР с разделением на варианты по текущей и по начальной густоте оказалось гораздо более трудным делом, чем по бонитетам, так как требовался поиск адекватных естественных рядов развития. Поэтому повторим еще раз, что, по-видимому, для лесной таксации прогноз развития древостоев был не важен тогда и не нужен сейчас, так как при очередном лесоустройстве запасы в лесах каждый раз уточняют. Поэтому и ТХР, адекватно отражающие ход роста дендроценозов и содержащие прогноз их развития, но намного более трудные для разработки, оказались таксации не нужны. Но они крайне нужны для выращивания леса, лесных культур и лесной селекции. Поэтому не случайно наша критика ТХР нормальных насаждений встретила со стороны именно таксаторов неприятие существа проблемы и нашу ответную критику, где мы отмечали у оппонентов неадекватные сравнения в процессах динамики сосняков в Сибири, приводимые как аргумент в иной точке зрения (Семечкин, Зиганьшин, 2010).

На отсутствие таблиц хода роста, правильно отражающих развитие древостоев, обращено внимание в последнем учебном пособии МарГТУ: «...Рост конкретных древостоев происходит по иным закономерностям, чем это отражено в таблицах хода роста. Процессы саморегуляции лесных фитоценозов охарактеризованы пока недостаточно» (Верхунов, Черных, 2007, с. 304).

Проблемы с классами бонитета и типами роста древостоев существует давно и вынуждает практически все лесные науки искать чисто эмпирические пути решений для регламента той или иной технологии выращивания леса. В отсутствии общей теории развития древостоя каждая из лесных наук ищет свои оптимальные параметры выращивания леса опытным путем, часто уходящим за пределы жизни ученого-исследователя.

В нашей книге (Рогозин, Разин, 2012) доказано существование констант в виде суммарного объема крон в редких по начальной густоте древостоях, о которых впервые упоминал И.С. Марченко (1995), у которого они служили как доказательство сильнейшего влияния биополя ценоза на структуру и механизмы его изреживания. Эти константы является весомым аргументом в пользу законов развития древостоев, о которых мы говорим.

Известно, что чем выше авторитет ученого, тем сильнее его мнение способно сдерживать развитие новых идей. Но если в статье В. Ф. Багинского (2011) это мнение основано на критике с нарушением логики и в театральном ключе, с упоминанием А. Македонского, Гегеля и роты солдат, шагающих не в ногу с Г.С. Разиным, то что же тогда защищается? А защищается мнение большинства, «когда все в ногу», что особой аргументации не требует, так как защищается не истина, а «практика применения».

Показателен итоговый вывод В. Ф. Багинского, звучащий как приговор, ввергающий читателя в состояние смутного когнитивного диссонанса, когда вывод не связан с аргументами и содержанием статьи: «Г.С. Разин в целом ошибается». Но где, в чем именно, в каком «целом» – рассеяно в тексте статьи В. Ф. Багинского как сомнения и оговорки. Однако можно догадаться, что ошибка состоит в том, что квази-динамические ТХР практика использует (а не навязано ли ей это использование?) и не возражает против их обилия, а Г.С. Разин возражает и поэтому «в целом ошибочна» его статья.

Заключение

В. Ф. Багинский намеревался прояснить поставленный им же вопрос: «…Почему таксаторы, зная недостатки и бонитетных шкал, и таблиц хода роста, тем не менее ими пользуются? Неужели от замшелого догматизма и незнания работ Г.С. Разина?». Однако автор намерения не выполнил. В статье изобилуют сомнения почти во всем, что излагается самим автором как аргументы в пользу своей позиции, замалчиваются острые проблемы и искажается суть сравниваемых явлений. Статья далека по стилю от критики научной и убеждает читателя в «неправоте» Г.С. Разина театральной аргументацией с нарушением принципов логики.

5. НОВЫЕ ФАКТОРЫ В РАЗВИТИИ ДРЕВОСТОЕВ

5.1. О признании законов в лесоведении

Выше мы рассмотрели традиционные показатели, используемые в моделировании и показали, что в познании процесса развития ценозов необходимо опираться на основную закономерность морфогенеза древостоев Г. С. Разина (1979). В соответствии с ней главным фактором в моделировании при равных условиях должен быть показатель сомкнутости крон (коэффициент перекрытия кронами горизонтальной поверхности), который зависит от начальной густоты древостоев и изменяется от минимума (0.2-0.3) до максимума (2.0 и более), и далее опять снижается до минимума по колоколообразным кривым. Он отражает заполнение пространства биоматериалом, вскрывает время наступления фаз прогресса и регресса в развитии ценоза и он ближе к понятиям экологии, чем показатели полноты, прироста и продуктивности.

Но в оценке вертикального пространства нужны показатели объемные: объемы крон и масса листвы, либо вообще вся фитомасса полога. Отметим, что древесина обязана своим появлением исключительно работе фотосинтезирующего аппарата, мощность которого определяется суммарным объемом крон и листвы. И вполне логично предположение, что они должны иметь некий предел в заполнении собой полога древостоя. Постоянство сомкнутости полога, камбиальной поверхности и массы хвои предлагал постулировать еще Г.Б. Кофман (1986, с. 184).

Данные постулаты имеют множество аналогов в экологии популяций, имеющих ранг законов. Экологами сформулировано уже более 20 общих популяционных закономерностей и многие из них дополняют друг друга. Так, «закон популяционного максимума Ю. Одума» конкретизируют «теория лимитов популяционной численности Х. Андреварты – Л. Бирча» и «теория биоценотической регуляции численности популяции К. Фридерихса» (по Реймерс, 1994, с. 79). Влияние численности популяции на ее продуктивность сформулировал и российский ученый А.А.Уранов (1965): «...количественное выражение жизненности популяции состоит в определении массы органического вещества, производимого на единице территории. Она зависит от количества особей и возрастает при ее увеличении до некоторого предела – оптимальной численности и уменьшается при дальнейшем ее увеличении».

Однако в лесоведении собственных признанных (цитируемых) законов пока нет. Во всяком случае, ни в одном из современных учебников о них нет упоминания. Почему-то наши исследователи-лесоводы стесняются называть (и признавать) открытые важные закономерности законами, в противоположность зарубежным исследователям, где законов в экологии десятки, и на них давно ссылаются по именам их авторов. У нас же можно упомянуть пока только редко упоминаемые «ранговый закон роста деревьев в молодняках Е.Л. Маслакова» (1981) и, по видимому, к рангу закона можно отнести «основную закономерность морфогенеза древостоев» Г.С.Разина (1979), далее названную законом (Рогозин, Разин, 2015).

Почему же столь важные законы и закономерности в обзорах литературы в диссертациях и учебниках важными не признаются и перечисляются в одном ряду с множеством исследований других авторов? Их иногда даже не упоминают; при этом не помогают и докторские диссертации, и солидные книги, в которых эти законы и закономерности детально рассматриваются их авторами (Маслаков, 1981, 1984; Кузьмичев, 1977, 1980). Что уж говорить о статьях Г.С. Разина (1965, 1967, 1979, 1980, 1981, 1988), опубликованных пускай даже и в престижных, но все-таки просто в журналах «Лесоведение», «Лесное хозяйство», «Лесной журнал».

По-видимому причиной такой осторожности в их признании был развенчанный «Закон единства в строении насаждений», выдвинутый проф. Н. В. Третьяковым (1927) и поддержанный А.В. Тюриным (1931). Отечественные таксаторы спустя время обнаружили, что предложенная в нем концепция единства строения древостоев по некоторым таксационным показателям при их аппроксимации по функции Лапласа–Гаусса (по закону нормального распределения) не является универсальной. Этот закон проявляет себя лишь в узком диапазоне условий, и поэтому оказались нужны не всеобщие, а дифференцированные по регионам нормативно-справочные материалы для таксации (Закономерности..., 1976; Загреев, 1978; Верхунов, Черных, 2007).

5.2. Площади питания деревьев и биогруппы

В главе 1 при обзоре выводов множества исследователей мы пришли к заключению, что неравномерное размещение деревьев по площади в виде биогрупп является неотъемлемым свойством древостоя (атрибутом) и их необходимо учитывать во всех технологиях и рекомендациях, а также в моделях развития, ухода и выращивания древостоев.

Однако в некоторых работах, где изучение горизонтальной структуры является основным методом исследования (Нагимов, 2000; Чернов и др., 2012; Вайс, 2014) предлагается моделировать динамику и развитие, а также уход за древостоями без учета фактора биогрупп. Напомним, в связи с таким методическим подходом, что в биогруппах развивается от 37 до 57% деревьев (Ипатов, Тархова, 1975), и что размещение деревьев стремится с возрастом к случайному, но не становится случайным полностью. Напомним, что в диссертации З.Я. Нагимова (2000), которую мы рассматривали в моделях ухода за лесом, для 320 деревьев сосны в возрасте 41-48 лет была определена их площадь питания несколькими методами, и в наиболее точных методах прирост площадей сечения стволов имел корреляционные отношения с площадью питания дерева 0.62-0.92. Т. е. прирост дерева был детерминирован ресурсами пространства в среднем на 59%.

Мы полагаем, что на генетическую обусловленность роста дерева можно отнести еще 5-10% (Тараканов и др., 2002, Царев и др., 2002, 2010). В сумме эти факторы дают детерминацию 65-70%, но остается еще «что-то», какие-то факторы и взаимодействия, которые определяют остальные 30-35% изменчивости размеров деревьев. И это вполне может быть противоположный конкуренции фактор – взаимная толерантность, о которой упоминали Л.В. Кайрюкштис и А.И. Юодвалькис (1976).

В работах многих есть и еще один существенный недостаток. Это *статичность данных*. Повторных наблюдений за площадями питания, например, спустя 5 или 10 лет, обычно не проводят. Получаются однократные наблюдения, выхваченнные из времени развития ценозов, как отдельные их состояния в статике. Этот подход доминировал весь 20 век и стал настолько привычен, что его применяют, даже не задумываясь о его правомерности.

Из такого подхода получается модель ухода за лесом на основе «оптимизации» площадей питания путем разреживаний и мы неизбежно приходим к старой идее классического лесоводства, игнорирующей биогруппы: «если рядом два дерева – удаляем одно из них». Однако проверка этой модели ухода в длительных опытах с регулированием площади питания рубками ухода, проведенными в древостоях старше 40 лет, показала ее полную практическую несостоятельность (Сеннов, 1984, 1999, 2005), о чем мы уже говорили выше.

Таким образом, моделирование динамики структуры (густоты) древостоев на основе расчетов оптимальной площади питания, взятых из показателей, рассчитанных в статике из разных по возрасту древостоев и объединенных далее в «динамический» ряд на основе общности типов леса или класса бонитета, имеет гипотетический характер. В этих расчетах не учитывается фактор неравномерности. Совершенно неясно, почему возникают биогруппы и окна в древостоях и непонятно, как создавать эту неравномерность, под влиянием которой развиваются 28-57% деревьев (Ипатов, Тархова, 1975; Марченко, 1995).

Это будет первый новый фактор, пока не используемый в моделировании – обязательная неравномерность густоты и наличие биогрупп.

5.3. Биополе лесных экосистем и константы

Второй новый фактор влияния на рост растений обнаружили Л.В. Кайрюкштис и А.И. Юодвалькис (1976). В опытных с молодыми культурами ели, по которым они составили множество моделей по оптимизации густоты, они обнаружили заблаговременное, за 2–3 года до смыкания крон, резкое снижение (в 2 раза) прироста у боковых ветвей, начавшееся еще до смыкания крон, при расстоянии между кронами деревьев 0.4 м; далее, после прорастания крон друг в друга на расстояние до 1 м, прирост плавно увеличивался в 1.6 раза относительно достигнутого минимума. Причины таких колебаний авторы объяснили «сменой внутривидовой конкуренции на взаимную толерантность». Спустя время это явление в развитии древостоя квалифицировали как «стрессовую ситуацию» (Кайрюкштис, Озолинчюс, 1985). Однако описать явление – еще не значит объяснить его причины.

В настоящее время это удивительное явление учитывают и для предотвращения торможения роста плантационных культур их рекомендуют разреживать уже в самом раннем возрасте – в 9-13 лет (Большакова, 2007).

Эмпирический факт Л.В. Кайрюкштиса и А.И. Юодвалькиса, описанный выше, всесторонне объяснил, пожалуй, только И.С. Марченко (1995), причем с совершенно неожиданной стороны – векторным влиянием биополей растущих растений, которое позволяет им на расстоянии «чувствовать» другие растения. В его книге «Биополе лесных экосистем» на множестве примеров было показано, что хотя полевых приборов для измерения биополя пока еще нет, но можно обнаружить его явные проявления по реакции деревьев друг на друга. И.С. Марченко исследовал до десяти новых взаимодействий между растениями. Автор ссылается на работы А.Г. Гурвич (1991), который еще в 1945 г. открыл митогенетическое излучение биообъектов; источник поля А.Г. Гурвич связывал с центром клетки, позже с ядром, в конечном варианте теории – с хромосомами. Поле в целом, согласно его позднейшим представлениям, существует как сумма излучений полей всех его живых клеток. При этом поле имеет векторный, а не силовой характер. В соответствии с этими представлениями И. С. Марченко предложил считать источником излучений биополя дерева все его живые клетки, а именно клетки камбия и листвы, а сумму излучений от живых клеток всех деревьев называть биополем насаждения. Полагая, что биополе выступает как ведущий фактор естественного изреживания и имеет предельную напряженность, автор обнаружил и соответствующие биополю константы у показателей, тесно связанных с клетками камбия и листвы. Первая из них – объем живых ветвей в 1 м^3 древесного полога. По мнению И. С. Марченко, она мало зависит от бонитета и в сомкнутых насаждениях есть величина постоянная; например, в сосняках 1 бонитета в 30-90 лет она изменялась в пределах 793-815 см^3/м^3 (Марченко, 1995).

Вторая константа – это предел насыщения полога клетками камбия в живой части кроны, измеряемая в см^2/м^3. Анализ молодняков сосны, осины, березы показал, что площадь клеток камбия стремится к пределу, после чего не увеличивается, и этот предел есть величина постоянная. Поэтому «…каждая порода создает древесный полог с определенной напряженностью биологического поля» (Марченко, 1995, с. 86; с. 91).

В связи с теорией биополя И.С. Марченко отметим следующее.

Известная концепция конкуренции (Сукачев, 1953) не может объяснить все эффекты отношений внутри вида. Это только часть взаимодействий между растениями. В основе взаимоотношения растений со средой и между собой лежит материально-энергетический обмен, который чрезвычайно разнообразен – от обмена метаболитами и перераспределения элементов питания до взаимодействия электрических полей, генерируемых растениями. Взаимодействие природных электромагнитных полей с полями растений имеет значение в информационных связях растений со средой и между растениями. «В сообществе растений, как и во всякой системе осцилляторов, при достижении ими равновесного состояния неизбежно появление единой колебательной системы в результате настройки осцилляции отдельных растений на колебательный режим процессов обмена со средой, характерный для большинства взаимодействующих растений» (Титов, 1978, с. 126).

Убедительный и яркий пример такой настройки зафиксирован в девственных 180-летних древостоях при изучения динамики образования годичного слоя древесины у ели и пихты на Урале В.М. Горячевым. Оказалось, что деревья располагаются биогруппами и прирост у них рассредоточен во времени и по территории; при этом деревья с близким типом прироста произрастают на значительном расстоянии, а в биогруппах растут деревья с разной динамикой прироста, отличающейся максимумами, разнесенными во времени на 7-14 дней (Горячев, 1999). Таким образом, деревья с близким типом прироста росли на расстоянии, а с разной его динамикой образовывали биогруппы.

В этом явлении, на наш взгляд, можно предполагать настройку деревьев друг на друга эпигенетическими регуляторами роста, а также отбором в биогруппы правых и левых форм растений: левые формы предпочитают прямой свет и слабую конкуренцию, а правые – рассеянный и толерантны к ней; при этом они соотносятся в пределах нормы 0.38:0.62. Эта норма отражает действие закона «золотого сечения» (Голиков, Жигунов, 2011; Голиков, 2014), к которому стремится биотектоника всех организмов и проявляются универсальные законы Вселенной (Чернов, 2013).

Наличие максимумов в сомкнутости крон и полога (Разин, 1979; Разин, Рогозин, 2012), а также совпадение максимумов текущего прироста и запасов фитомассы хвои (Нагимов, 2000) подтверждает основные законы экологии в заполнении пространства экосистемы растениями (Одум, 1986; Реймерс, 1994). Эти законы обусловлены действием физических, химических и энергетических взаимодействий растений (часть которых мы знаем как конкурентные). Можно предполагать, что механизмом саморегуляции в сообществе растений вполне могут быть их биополя, излучающие сигналы самой различной природы, еще во многом неизвестные нам.

В пологе древостоя происходят главные коллизии его развития. И здесь опять сошлемся на исследования З. Я. Нагимова (2000), который показал, что прирост площадей сечения стволов сосны был детерминирован ресурсами горизонтального пространства в среднем на 59%, а на генетическую обусловленность можно отнести только 5-10% (Царев и др., 2002, 2010). Поэтому концепция насаждения как сообщества растений, объединяемых конкурентной борьбой за существование (Сукачев, 1953) объясняет для древостоя только 2/3 изменчивости его прироста, а причины оставшейся 1/3 неизвестны и еще ждут своих исследователей. Ими могут быть биополя растений, геоактивные зоны Земли и их взаимодействие, о которых, вероятно, будет наша следующая книга.

Пока же вернемся к вышеописанным и обнаруженным И.С. Марченко константам – объему ветвей в 1 м^3 древесного полога и пределу насыщения полога клетками камбия в живой части кроны и отметим, что они не проверялись другими исследователями, хотя прошло уже 20 лет с момента их обнародования. Поэтому сразу же после знакомства с идеями И.С. Марченко, которое произошло только в 2012 году, мы попытались выяснить наличие констант в наших моделях роста древостоев.

Отметим, что следствия из концепции И.С. Марченко оказались до такой степени неприемлемы для практики, основанной на прибыльном изъятии «лишних» деревьев из биогрупп, что до сих пор многие лесоводы предпочитают концепцию биополя не замечать.

5.4. Проверка фактора биополя и наличия констант

В качестве объектов исследования использованы 10 моделей развития древостоев: 6 моделей роста естественных древостоев ели, составленных по вариантам начальной густоты в диапазоне от 7.9 до 1.0 тыс. шт./га для типов условий местопроизрастания C_2–C_3, помещенных в приложении 1, а также 4 модели роста культур ели. Результаты расчетов помещены в таблице 5.1.

Анализ этих данных показал, что в самых редких смолоду древостоях с начальной густотой 1.0 и 1.3 тыс. шт./га начиная с 40–45 лет объемы крон изменялись, с колебаниями от среднего уровня в пределах ± 1.4%. Колебания выглядят для этого возраста почти как прямая линия (рис. 5.1). Их можно оценить как незначительные и начиная с 45 лет объем крон в таких древостоях можно считать константной величиной.

Таблица 5.1 – Сомкнутость крон (Скр) и сумма объемов крон (Vкр) в еловых древостоях в Пермском краев типах условий местопроизрастания С2-С3

| Возраст, лет | Начальная густота в моделях роста деревостоев в 10 лет, тыс. шт./га | | | | | | | | | | | |
| | 1.0 | | 1.3 | | 1.65 | | 2.9 | | 5.1 | | 7.9 | |
	Скр, м²/м²	Vкр, м³/га	Скр, м²/м²	Vкр, м³/га	Скр, м²/м²	Vкр, м³/га	Скр, м²/м²	Vкр, м³/га	Скр, м²/м²	Vкр, м³/га	Скр, м²/м²	Vкр, м³/га
10	0.07	0.4	0.08	0.4	0.10	0.6	0.19	1.1	0.32	1.8	0.50	2.8
15	0.20	2.3	0.24	2.8	0.31	3.6	0.54	6.2	0.89	10.1	1.18	12.1
20	0.36	6.3	0.45	7.9	0.56	9.7	0.94	15.9	1.39	22.0	1.66	22.7
25	0.58	13.8	0.70	16.5	0.87	20.2	1.30	28.0	1.59	29.3	-1.61	24.8
30	0.84	25.5	1.00	29.7	1.17	33.5	1.47	35.9	1.47	29.6	-1.45	25.6
35	1.08	38.6	1.21	41.4	1.33	42.5	-1.38	35.8	-1.33	29.7	-1.3	25.5
40	1.21	47.2	1.29	47.0	1.33	43.9	-1.27	35.6	-1.21	29.1	-1.18	24.8
45	1.25	50.6	-1.28	47.5	-1.27	43.5	-1.20	35.3	-1.13	28.4	-1.09	24.0
50	-1.24	51.1	-1.24	47.3	-1.21	43.2	-1.13	34.6	-1.05	27.4	-1.00	22.9
60	-1.17	50.7	-1.15	47.1	-1.11	42.6	-1.02	33.2	-0.93	25.6	-0.87	20.9
80	-1.09	51.3	-1.05	46.5	-1.01	41.6	-0.90	30.8	-0.8	22.8	-0.73	18.0
100	-1.05	51.7	-1.01	46.4	-0.97	41.3	-0.85	29.9	-0.75	21.8	-0.67	16.8
120	-1.03	52.0	-1.00	47.1	-0.95	41.2	-0.84	29.9	-0.73	21.5	-0.65	16.5

Примечание. Знак «минус» в значении сомкнутости крон означает, что пик сомкнутости пройден и значения снижаются.

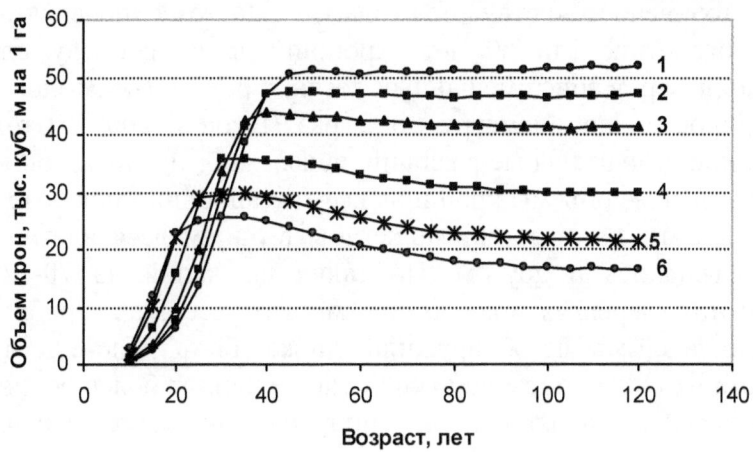

Рис. 5.1 – Динамика объема крон в еловых древостоях с начальной густотой в 10 лет: 1 – 1.0; 2 – 1.3; 3 – 1.6; 4 – 2.9; 5 – 5.1; 6 – 7.9 тыс. шт./га

При увеличении начальной густоты до 1.6 тыс. шт./га объем крон уже не так постоянен и колеблется от 41 до 43.9 тыс. м³/га, при этом в 40 лет появляется максимум. При дальнейшем увеличении густоты до 2.9–7.9 тыс. шт./га такой же слабый максимум смещается к 30 годам, объемы снижаются и достигают в 90–120 лет при густоте 7.9 тыс. шт./га всего лишь 51% от объемов крон при начальной густоте 1.0 тыс. шт./га (см. табл. 5.1).

Найденные константы имеет ясный биологический смысл, как предел, больше которого полог уже не может заполняться биомассой и сохраняет ее на фоне изменения буквально всех показателей. Следовательно, справедлива и концепция о биополе, которое выступает в качестве внутреннего механизма регуляции биовещества в пологе.

Здесь можно возразить, что концепция биополя совсем не обязательна для этого и найденная константа вполне объясняется ограниченностью ресурсов минерального питания, увлажнения, освещенности. Однако факторы эти изменчивы, особенно увлажнение и климат, что приводит к их непостоянству по годам. Поэтому появляются многолетние (до 60 лет) хроноциклы прироста у ели, например, в зоне смешанных лесов, с различиями годовых приростов по диаметру до 2 раз (Битков, 2009). Столь резкие и длительные различия неизбежно повлияли бы на суммарные объемы крон и на все таксационные показатели в целом, которые снижались бы в одном десятилетии и повышались в другом. Но таких снижений на 70-120-летних деревьях-моделях на многих десятках пробных площадей мы не обнаружили. Может быть, дело еще и в том, что у нас подзона южной тайги, климат более ровный и значимо влияющих на прирост ели засух меньше. Однако даже в зоне смешанных лесов, где засухи случаются чаще, доказанная сила их влияния на прирост ели составила лишь 7-10%; именно слабое их влияние вынудило обратиться некоторых исследователей к гипотезе биоритмов в развитии экосистем ели, т.е. их развитием под действием собственных внутренних факторов (Битков, 2009). Правомерность этой гипотезы мы обсуждаем далее.

Совершенно иной взгляд на природу леса в понимании И.С. Марченко (1995) инициирует до 8 новых направлений поиска моделирования процессов, протекающих в древостоях. Мы проверили всего лишь одно – и сразу вышли на константы по объемам крон.

Отметим и другие важные моменты.

Кульминацию развития насаждения обычно связывают с максимумом текущего прироста запаса. В наших моделях текущие приросты выглядят как пересекающиеся кривые, и каждая имеет свой максимум. В естественных древостоях они наблюдаются в моделях с малой густотой в 30-40, а в густых моделях – уже в 25 лет. В культурах с малой густотой максимум начинается в 35 лет, а при большей начальной густоте 8.5 тыс. шт./га – в 25 лет (рис. 5.5, 5.6).

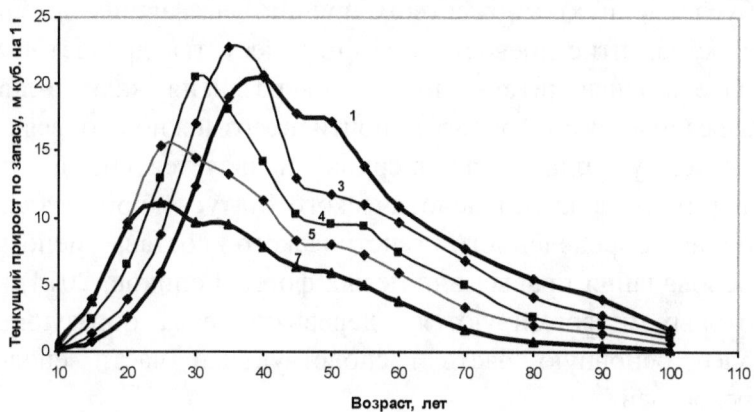

Рис. 5.5 – Текущий прирост по запасу в моделях еловых древостоев в типах условий местопроизрастания C_2-C_3 с начальной густотой: 1 – 1.0; 3 – 1.65; 4 – 2.9; 5 – 5.1; 7 – 14 тыс. шт./га

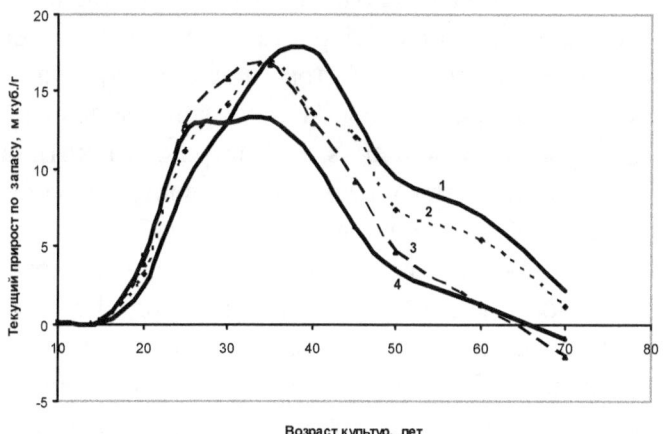

Рис. 5.6 – Текущий прирост по запасу в моделях еловых культур в типах условий местопроизрастания B_3-C_3 с начальной густотой в 10 лет: **1** – 3.6; **2** – 4.8; **3** – 6.0; **4** – 8.5 тыс. шт./га.

То есть при близкой начальной густоте пики развития в естественных древостоях и культурах совпадают. Важно отметить, что максимумы прироста возникают за 15 лет до возраста стабилизации сбега. И если древостой перешел свой предел по приросту и миновал его кульминацию, обусловленную множеством причин, вызвавших именно такое развитие древостоя, то «переместить» древостой на более производительную линию развития какими-либо разреживаниями трудно и почти невозможно, во всяком случае, у ели. Эта инерция появляется из-за уже сформировавшегося ценотического статуса крон, а также вполне определенного генетического состава ценоза – преобладания правых или левых форм (Голиков, 2014), из которых и формируются деревья-лидеры, образующие далее основную часть господствующей части спелых древостоев.

Кроме того, каждая из моделей развития древостоя имеет свое распределение частот деревьев по классам Крафта. Распределение это отражает адаптацию ценоза именно для этого типа развития и адаптация эта, скорее всего, завершается на пике прироста. Деревья же имеют инерцию в своем развитии, в том числе и по классам Крафта, т.е. по размерам кроны. И если ранги деревьев по объемам крон уже определились, то быстро «изменить» их, а тем более «переместить» развитие древостоя на более производительную линию во время (а тем более после) кульминации прироста вмешательством разреживаниями уже невозможно, так как меняется лишь одно условие развития из многих – увеличивается только площадь питания дерева. Пик прироста является наиболее критичным периодом, когда деревья стремятся сохранить свою численность и адаптируются к нему путем формирования малообъемных крон с потерей части фотосинезирующего аппарата. Теряют его деревья всех рангов, сокращая длину и диаметры крон. Поэтому «фаза чащи» уже неэффективна для изменения прироста.

По-видимому, именно в этот период С.Н. Сенновым (1984) и были проведены рубки ухода на большом количестве опытных участков, в результате наблюдения за которыми в течение 60 лет было получено кажущееся парадоксальным заключение о «невозможности повышения производительности средневозрастных древостоев регулированием их густоты» (Сеннов, 1999, 2005). Заключение это совершенно не согласуется с современными результатами плантационного выращивания леса, где регулирование густоты начинается в 9-13 лет, и ее снижение значимо увеличивает прирост культур (Плантационное..., 2007; Большакова, 2007).

Отсюда следует важнейшее практическое правило: рубки ухода должны быть завершены за 15–20 лет до начала стабилизации сбега ствола, в период *до кульминации* текущего прироста по запасу. Это возраст 25 лет в густых моделях (начальная густота 5.1 тыс. шт./га и более) и 30–35 лет – в редких моделях еловых древостоев (начальная густота 2.9 тыс. шт./га и менее). В соответствии с этим правилом прореживания и проходные рубки не имеют теоретических оснований и должны быть прекращены.

5.5. Хроно- и биоритмы

Историю жизни дерева можно проследить очень далеко на спилах и кернах древесины по годичным приростам. Их колебания зависят как от внутренних, так и внешних факторов. Заметим особо, что ценотические условия (в основном, конкуренция) действуют на дерево как внешние для него факторы, причем действуют одновременно с колебаниями климата. Поэтому для выявления ритмов роста берут деревья, растущие либо на свободе, либо в древостое, но менее других подверженные влиянию соседей. Это обычно крупные деревья. Их рост используют для выяснения хода роста древостоев по «верхней» высоте и к ним относят деревья 1-2 классов Крафта, или около 100 деревьев на 1 га (Свалов, 1979).

На основании анализа кернов более 1 тыс. таких деревьев ели обыкновенной и липы мелколистной Л.М.

Битков (2009) обосновывает «хронобиологическую концепцию лесоводственных мероприятий» в хвойно-широколиственных лесах. Были выделены два цикла роста ели по 60 лет в каждом с общим рядом приростов в следующем виде (рис. 5.7)

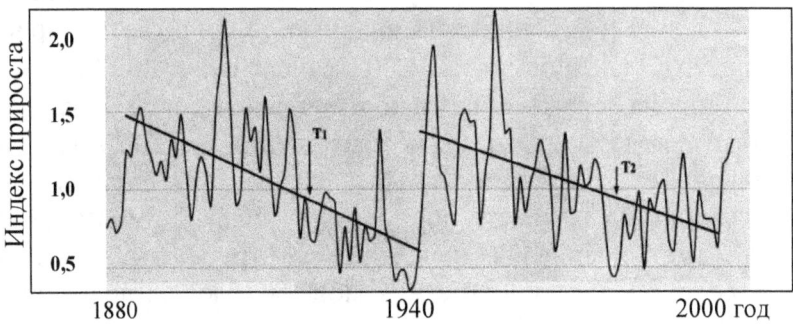

Рис. 5.7 – Индексы прироста по диаметру доминирующих деревьев в сложных ельниках. Циклы роста: T_1 – 1884-1943 гг.; T_2 – 1944-2003 гг. (по Биткову, 2009, с.124)

Автор проверил их на сопряженность с показателями температурно- влажностных атмосферных (ТВА) условий, а также числами Вольфа. Анализ показал, что колебания прироста не совпадают с засушливыми или влажными условиями; не совпадали они и с солнечной активностью (совпадение <60%). Автором были вычислены коэффициенты детерминации, которые показали, что ТВА условия и солнечная активность на низком уровне (7 и 10 %) объясняют варьирование приростов по диаметру.

На этом основании автор делает заключение, что колебания прироста «...соответствует современной нелинейной парадигме, согласно которой живым системам свойственны многие особенности, в том числе неадекватная внешнему воздействию реакция под влиянием эндогенных факторов», ссылаясь при этом на ряд исследователей. В итоге выдвигается «модель хронобиологической адекватности в лесоводстве». Ее суть в том, что лесоводственные мероприятия эффективны во время активной стратегии жизненного состояния доминирующих деревьев, когда у них наблюдается высокая устойчивость к стресс-факторам и позитивная отзывчивость на лесоводственные мероприятия. Во время пассивной стратегии отзывчивость понижена, и в это время следует воздержаться от них (Битков, 2009, с. 194).

Однако мы обнаружили ряд недоработок, которые дезавуируют заявленную концепцию. Оказалось, что возраст деревьев ели колеблется от 52 до 165 лет и для группы со средним возрастом 98 лет приросты были прослежены от 10 до 100 лет, а для группы 158-летних – от 50 до 160 лет. В результате на графиках для них имеется только по *одной* полной волне прироста (рис. 5.8).

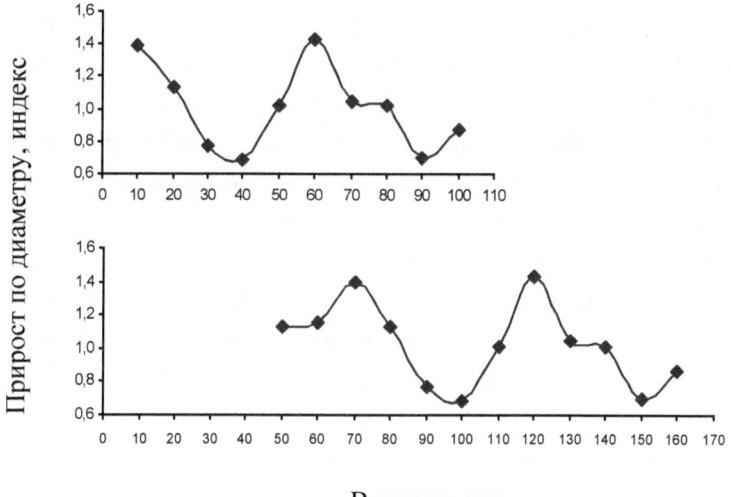

Возраст, лет

Рис. 5.8 – Хроноциклы прироста для группы из 12 ценозов ели со средним возрастом 98 лет (вверху) и для группы из 4 ценозов с возрастом 158 лет (внизу). Усреднения сделаны по 10-летиям по данным Л.М. Биткова (Битков, 2009, с. 98-103; 283-286)

Сразу вызывает множество вопросов «пустое» место в левом углу нижнего графика. В возрасте 10-40 лет приростов здесь нет, хотя автор имел четыре насаждения в возрасте 152-165 лет и вполне мог проследить у них приросты до 10-летнего возраста. Почему автор это сделал для 98-летних ценозов и не сделал для 158-летних? Возникает подозрение, что приросты у старых елей в молодом возрасте совсем даже не падали, а возрастали или были средними. Но тогда идея автора о «генетической программе» биоритмов просто рассыпается об очевидный факт отсутствия первой волны хроноцикла.

Наличие двух пиков текущего прироста смущает нас чрезвычайно. Пики приходятся на 60 и 120 лет (см. рис. 5.8). Дело в том, что во всех известных ТХР максимум текущего прироста всегда один. И его обычно сравнивают с максимумом среднего прироста, который наступает позднее. При этом у *отдельных* деревьев кривые прироста иногда пересекаются. Причиной является своеобразие жизненных процессов, обусловленное внешней средой (Анучин, 1977, с. 392). Мы показали ранее, что ТХР не являются моделями развития. Но и в моделях развития древостоев Г.С. Разина максимум текущего прироста древостоя также возникает только один раз.

Отметим и игнорирование работ по моделированию хода роста в анализе литературы. Ее список внушителен (400 авторов), но это не спасает автора от одностороннего анализа вопроса о биоритмах. Одна крупная работа (Факторы..., 1983) вообще не упомянута, хотя там проведен намного более детальный анализ прироста у ели за 100 лет, причем именно в смешанных лесах; циклы прироста там похожи на циклы Л.М. Биткова, но авторы доказывают их колебания зависимостью от внешних факторов, в особенности от череды засушливых лет (Факторы..., 1983, с. 75).

В силу изложенного предлагаемая модель динамики приростов ели с циклами по 60 лет, названная Л.М. Битковым «биоритмом» таковым быть не может. Это хроноциклы прироста, обусловленные факторами климата, причем доказан только последний цикл. В первый же цикл автор включил сепарированные данные, и первая волна прироста оказалась неполной. При этом она должна начинаться в молодости, и начинаться с прогресса прироста. Однако у автора она начинается с его падения. Получается, что автор не выяснил зарождение биоритма, который с падения начинаться просто не может. Чтобы куда-то падать, надо вначале подняться.

Таким образом, «хронобиологическая концепция лесоводственных мероприятий» для разработки моделей управления продукционным процессом в лесоводстве использована быть не может.

5.6. Предложения, выводы и гипотезы

Полученные нами результаты и выводы рождают больше вопросов, чем ответов. И важно эти вопросы «правильно задать» древостою. Отметим также, что мы не можем объять необъятное и детально освятить вопросы, которые могут быть и неизвестны широкому кругу исследователей. Например, стоящий особняком вопрос о правых-левых формах у хвойных, а тем более вопрос о геоактивных зонах Земли, для рассмотрения которых требуется отдельная книга. Необходимо изучение и такого не всеми признаваемого явления, как биополе ценоза. Возможно, именно здесь будут найдены *постоянные* биофизические показатели и вероятнее всего, они будут подчинены энергетической константе древостоя.

Затронутые вопросы особенно актуальны для лесной селекции, так как невозможность прогноза роста древостоев чуть ли не прямо запрещает использование ранних оценок роста потомства. Нахождение биологических констант поможет раскрыть механизм появления восходящих, нисходящих и стабильных типов роста деревьев и древостоев, найти периоды и точки максимума показателей, необходимых для моделирования этих процессов. Кроме того, и это еще более важно, в испытаниях потомства можно будет при соответствующей постановке опыта хотя бы примерно вычленить долю влияния их генетических особенностей.

Полог древостоя, как и всякая биосистема, несомненно, имеет предел в заполнении пространства биоматериалом, и предел этот определяет функциональную организацию как сообщества, так и развитие отдельных растений. Именно изучение динамики крон и полога позволило разработать методику моделирования развития древостоев (Разин, 1977) и модели, которые инициировали открытие закона развития одноярусных древостоев, что позволило далее сформулировать теорию их возрастной динамики (Рогозин, Разин, 2012).

Проверка констант И. С. Марченко на наших моделях развития еловых древостоев, которая в расширенном варианте приведена в нашей книге (Рогозин, Разин, 2012), позволяет сделать следующие *выводы:*

1. В Пермском крае в моделях роста еловых древостоев для типов условий местопроизрастания C_2–C_3 обнаружены стабильные показатели (константы) – объем крон, наблюдаемый у древостоев с малой начальной густотой 1.0–1.3 тыс. шт./га, а в моделях любой начальной густоты – сбег ствола (отношение среднего диаметра к высоте древостоя за вычетом 1.3 м), которые неизменны начиная с 45–50 и до 120 лет. Объемы крон составляют 50.6–52 м³/га при начальной густоте 1.0 тыс. шт./га и 46.4–47.5 м³/га при начальной густоте 1.3 тыс. шт./га.

2. Производительность работы крон у ели в моделях с большей начальной густотой до 40 лет оказывается ниже, а

далее – выше, чем в редких моделях. Для объяснения диаметральных изменений производительности крон в редких и густых моделях на рубеже 40 лет и появления феномена константы в объемах крон при малой начальной густоте важно найти физиологические, генетические и энергетические причины этих явлений, вызывающих регресс в развитии древостоя.

3. Регулирования текущей густоты (рубки ухода в молодняках) должны быть завершены за 15–20 лет до начала стабилизации сбега ствола, в период до кульминации текущего прироста. Это возраст 25 лет в моделях с начальной густотой более 5.1 тыс. шт./га и 35 лет – в более редких моделях, с начальной густотой 2.9 тыс. шт./га и менее.

Для развития исследований далее в этом направлении следует проверить следующие ***рабочие гипотезы и поставить ряд опытов.***

1. Для нахождения «главной константы» необходимо изучение биополя дендроценоза. Вероятно, она будет представлять собой предельное значение интенсивности излучений конгломерата биологических полей всех деревьев. Ее достижение будет определять завершение фазы прогресса и начало фазы регресса в развитии древостоя.

2. Интенсивность биополя в ценозах будет зависеть, возможно, от преобладания правых или левых форм растений, имеющих диаметрально различные предпочтения к основным факторам внешней (свету и влажности) и внутренней (конкуренции и густоте) среды. Это *должно приводить* к отличиям в характере фотосинтеза и в производительности работы фитомассы хвои.

3. Для проверки эффекта «биоактивных зон» И.С. Марченко (1995) и эффекта патогенных сетей Хартмана и Карри, объединяемых общим термином «геоактивные зоны» (Рогозин, 2011; Агбалян, 2009) следует на вырубке создать культуры в идеале по четырем вариантам:

первый – вблизи крупных пней между их лапами высаживают 4-5 саженцев, образующих биогруппу;

второй – биогруппы высаживают на местах, которые оператор биолокации определил как патогенные зоны;

третий (контроль №1) – биогруппы высаживают на свободные от пней места вырубки;

четвертый – (контроль №2) – биогруппы высаживают на местах, которые оператор биолокации определил как нейтральные.

Разумеется, число биогрупп на 1 га и посадочный материал должны быть одинаковыми. Вероятно, при числе биогрупп по вариантам более 50 уже через 3-5 лет можно будет получить доказательство или опровержение гипотезы биологичекого влияния геоактивных зон.

Но чтобы вызвать желание поставить такие опыты, нужно эти гипотезы обнародовать, какими бы невероятными они ни казались, признать их вероятное влияние, а не отмахиваться от них, как от чего-то недостойного внимания или «недиссертабельности темы» из опасения критики. Гипотезы, пусть ошибочные – это и цель, и двигатель, и мотивация в работе, ее душа и энергия. Без них наука становится пресной, а обучение наукам скучным.

6. СЕЛЕКЦИОННО-ГЕНЕТИЧЕСКИЕ ФАКТОРЫ

6.1. Потомства древостоев разной густоты

Управление продукционным процессом производства древесины включает в себя и заготовку семян. В этом плане у нас есть собственные результаты длительной селекции сосны обыкновенной и ели финской.

Недавно в журнале «Лесное хозяйство» появилась наша статья «Уроки истории лесной селекции» (Рогозин, 2013а). Кроме того, в этот год была защищена и докторская диссертация (Рогозин, 2013а). И мы вполне можем оценить работы в этом направлении, а также рассчитать эффекты селекционных мероприятий при выращивании культур плантационного типа.

Селекция уже по определению ведет к снижению генетического разнообразия, но разные ее методы неоднозначны (Исаков, 1999). Развитие древостоев обычно связывают с интенсивным изреживанием, однако при создании плантационных культур возникает вопрос выбора посадочного материала с совершенно особенными технологическими свойствами, а именно, с более успешным ростом в условиях *слабого* конкурентного давления. В естественных лесах, наоборот, развитие древостоев чаще всего связано с сильнейшей конкуренцией уже на стадии самосева и подроста, и это отражается на наследуемости и качестве семян, получаемых из таких древостоев.

Современная селекция хвойных сложилась в России 1970-е годы, и была основана на плюсовых деревьях, которые размножали прививкой на специальных лесосеменных плантациях (ЛСП). Плюс-деревья отбирали с хорошей очищаемостью ствола и высоко поднятой кроной с тонкими сучьями. Однако совершенно ясно, что такие деревья сформировались при большой начальной, а далее и текущей густоте древостоев. Влияние густоты на развитие древостоев огромно, и об этом постоянно шла речь выше. Поэтому на ЛСП сейчас получают семена и выращивают из них посадочный материал с наследственными свойствами, не совпадающими с условиями роста в разреженных плантационных культурах.

Эти отличия лесные селекционеры и генетики не учитывают, а если у них случаются неудачи с нулевым эффектом в потомствах, то они предлагают подождать еще 10-20 лет в надежде, что потомства плюс-деревьев и улучшенные семена с ЛСП все-таки проявят себя.

В наших исследованиях на протяжении более 40 лет (Рогозин, 2013), мы испытали потомства сосны и ели   от 1435 деревьев (в т.ч. 483 плюсовых), отобранных в 1980-е годы в 9 искусственных и в 7 естественных популяциях. В испытательных культурах, заложенных на общей площади 33 га, были получены данные о высотах   80 тыс. растений по 1886 вариантам, в т.ч. по 76 вариантам контроля. Эти крупные опыты имеют общую конечную цель – выведение промышленных сортов хвойных пород для Верхне-Камского лесосеменного района. Ниже в сокращении мы приводим часть материалов и выводы из нашей книги, диссертации и статей (Рогозин, Разин, 2012; Рогозин, 2013а, 2013б, 2014).

Нами были заложены два вида испытаний потомства: обычные культуры, с размещением растений в рядах через 0.7 м (густые) и плантационные культуры, с размещением растений в рядах через 1.0 м. В итоге оказалось, что в культурах плантационного типа потомство из редких материнских ценозов росло достоверно лучше, чем потомство из густых (рис. 6.1).

Из пяти вариантов густоты материнских ценозов мы взяли по два крайних варианта с начала и с конца и получили из редких родительских ценозов среднюю высоту потомства 110.55% (измерения 660 потомков от 25 плюсовых деревьев), а из двух густых – 98.65% от высоты контроля (измерения 1069 потомков от 42 плюсовых деревьев). Различия в средних высотах составили 110.55–98.65=11.9%. То есть снижение средней густоты родительских ценозов с 1.4 до 0.85 тыс.шт./га влияет на потомство наилучшим образом, увеличивая его высоту в плантационных культурах на 12%.

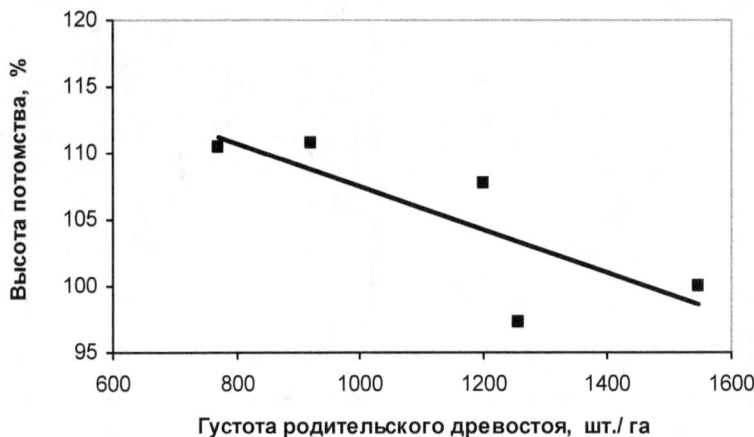

Рис. 6.1 – Влияние густоты материнских ценозов на рост 21-летнего потомства в культурах плантационного типа

На уровне отдельных матерей конкурентное давление определяли путем картирования соседних деревьев на площадке с радиусом 3.3 м вокруг 79 плюс-деревьев в культурах «Сепыч-1». Площадки были разделены на две группы по густоте. В первой группе со слабой конкуренцией число стволов на площадке (кроме плюс-дерева) составило в среднем 7.1 шт., в группе с сильной конкуренцией – 10.9 шт. Преимущество потомства от плюсовых деревьев, сформировавшихся в условиях слабой конкуренции было обнаружено уже в 4-летнем возрасте. Оно сохранилось и в 21 год составило +4.6% по высоте; при этом доля лучших семей оказалась выше в 2 раза: 36.1% против 18.6% (рис. 6.2).

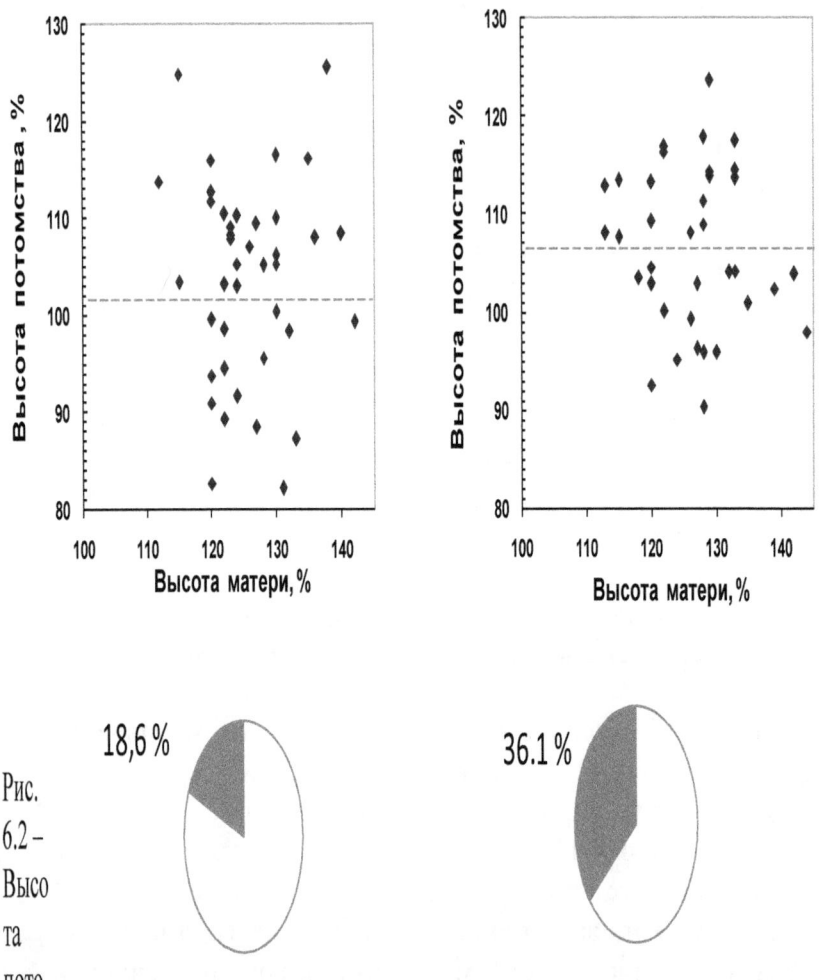

Рис. 6.2 – Высота потомства в 21 год и доля лучших семей у плюсовых деревьев, сформировавшихся в условиях конкуренции сильной (слева) и ослабленной (справа). К лучшим отнесены семьи с высотой 110% и более от контроля; ----- средняя высота потомства

Таким образом, рост потомства в решающей степени зависит от давления плотности ценоза в целом и от конкурентного давления на материнские деревья; при его ослаблении высота потомства в первом случае повышается на 11.9%, во втором – на 4.6%. Поэтому можно ожидать, что в случае удачного подбора насаждений с некоторой оптимальной густотой, а далее с отбором внутри него плюс-деревьев с большей, чем у других, площадью питания, общий эффект такой методики отбора в селекции ели финской может составить сразу 16%.

Конечно, очень хочется вывести некий универсальный сорт-популяцию. Однако для обычных и плантационных культур нужны разные сорта. Для создания *обычных культур* цели селекции должны совпадать с естественной эволюцией вида, тогда как при селекции *на ускоренное выращивание* нужны разработки, учитывающие конкурентную способность генотипов и разные типы их роста. В связи с этим, как одно из направлений, нужен отбор плюс-деревьев в 40-50 лет в культурах-аналогах плантаций в конкретных типах условий с выясненной историей их густоты.

Программа селекции для плантационного выращивания нам представляется в следующем виде.

1. Проводят специальный отбор ценопопуляций (естественных и искусственных древостоев) с малой начальной густотой и максимально сомкнутых в 40–50 лет, в ТУМ, полностью совпадающих с условиями выращивания будущих культур (потомства). Вначале проводят испытания их потомства (селекцию популяций) и только затем начинают плюсовую селекцию. Оценку потомства проводят в первых краткосрочных (4-7 лет) испытаниях *по высоте*, а в последующих длительных испытаниях (25 лет и более) – *по запасам* древостоев.

После первых испытаний лучшие популяции сразу же используют, создавая ПЛСУ материалом из них.

2. После первых испытаний и выявления лучших по потомству материнских древостоев (примерно 60%) в них выделяют плюс-деревья (в 50-летнем возрасте), включая в критерии отбора параметры сбега ствола в пределах 1.2–1.3 см/м, которые дополнительно дают матерей, потомство которых растет лучше в условиях плантаций. От них получают семена от 2 урожаев, испытывают потомства до возраста 4-7 лет и отбирают материнские деревья с высокой общей комбинационной способностью. Прививками от таких деревьев создают лесосеменные плантации второго порядка (ЛСП- II).

3. Затем испытывают еще 2 урожая семян с оценкой потомства уже в возрасте 25-30 лет по запасам древесины и набирают кандидатов для сорта-популяции, с одновременной закладкой ЛСП-III.

Такой порядок работ в лесной селекции обеспечит непрерывную инновацию ее результатов с повышением продуктивности выращиваемых из улучшенных семян плантационных культур на начальном этапе селекции (через 12-15 лет) на 10-16%, а после получения результатов в 20-30-летних древостоях в конце цикла селекции, примерно через 30-40 лет – возможно до 20-25%.

Таким образом, модель селекции и семеноводства для плантационного выращивания укладываются, как это ни странно, в одно очень короткое правило: получать и заготавливать семена следует в условиях, точно совпадающих с условиями выращивания таких плантаций, в особенности с густотой выращивания и с типом условий местопроизрастания (Рогозин, 2013а).

6.2. Генетические факторы (правые и левые формы)

В качестве генетических мы возьмем пока только один фактор – двойственность популяций, состоящих из правых и левых популяций-изомеров (Хохрин, 1977; Голиков, 1985-2014). О правых и левых формах известно давно, но мы даже не представляли себе раньше, насколько серьезным может быть этот фактор.

Правые и левые формы (рис. 6.4) имеют доказанные генетические отличия по относительной гетерозиготности и противоположные адаптивные предпочтения: левые формы предпочитают прямой свет и слабую конкуренцию, а правые – рассеянный и толерантны к конкуренции. Кроме того, левые формы лучше растут в сухих условиях, а правые – во влажных. В оптимальных условиях их рост и частота становятся одинаковыми, но если древостой становится густым, то начинают доминировать правые, а если он более редкий – то обязательно левые формы (Голиков, 2014).

Особенно важно здесь то, что правые формы *начинают доминировать всегда*, когда плотность древостоя повышена, причем даже в несвойственных для них сухих условиях. Левые же формы начинают доминировать только в условиях редкого стояния деревьев, причем иногда даже и во влажных условиях, для них не типичных. Это явление раскрывает механизм гомеостаза популяции, и конкуренция влияет на него наиболее радикально. Следует, однако, особо отметить, что встречаемости правых и левых форм ни разу не снижались до нуля и находились строго в пределах соотношения 0.38:0.62 (Голиков, 2011, 2014).

Это соотношение оказалось близким к «Золотому сечению» – универсальному закону Вселенной (Чернов, 2013). Обнаружение проявлений универсального закона в генетической структуре популяций показывает правильность выбранного направления работ.

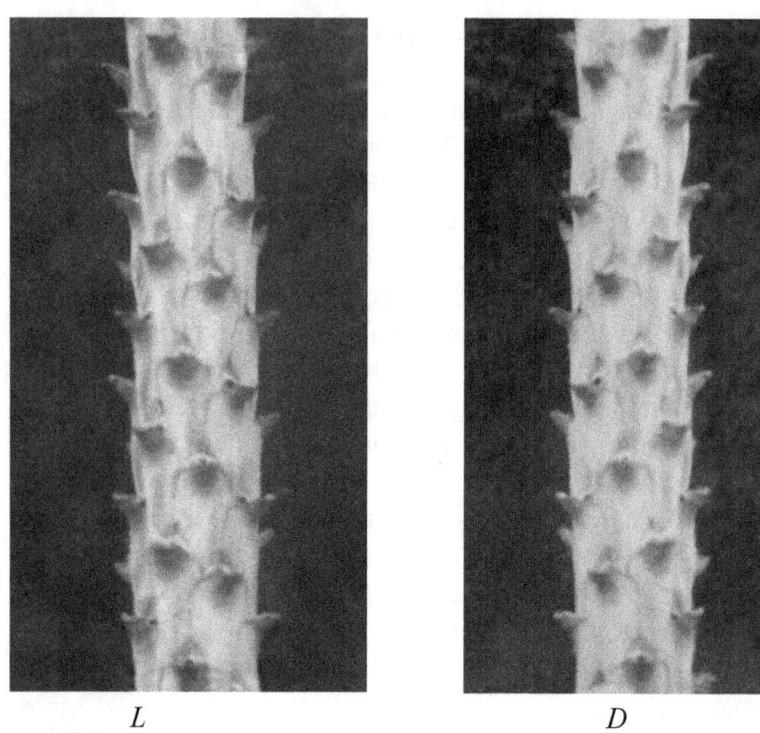

L   D

Рис. 6.4 – Левая (L) и правая (D) форма побега у сосны обыкновенной (по Голикову, 2014)

Далее мы приводим часть материалов из нашей статьи (Рогозин, Голиков, Разин, 2014). Причины ее написания были следующими.

При анализе лесного фонда семи лесничеств Среднего Поволжья с изучением более 1400 выделов естественных и искусственных насаждений сосны (Романов, Нуреева, Еремин, 2013) оказалось, что в составленных по ним таблицах хода роста для условий A_2, B_2, C_2 в 100 летнем возрасте нормированные запасы в искусственных лесах были выше, чем в естественных лесах, в среднем на 12-17%, с фактическими различиями на 8-49%. Однако в сухих условиях A_1 фактические различия исчезали, а запас культур, нормированный для полноты 1.0, оказывался ниже на 4.5%.

Вероятно, отмеченное для условий A_1 снижение нормированной продуктивности культур на 4.5% в сравнении с естественными ценозами было вызвано запоздалыми разреживаниями культур, либо вообще их отсутствием. В результате в них наступил критический период в развитии, вполне по закону естественного морфогенеза древостоев Г. С. Разина (1979) с потерей их продуктивности, в отличие от естественных ценозов, где этот период был более мягким, либо его не было совсем по причине неравномерной, а также пониженной густоты, которая имеет место в сосняках на сухих боровых почвах.

В Марий-Эл оказался особенно важен опыт облесения гарей на сухих почвах и удачные варианты культур. В частности, на гарях 1972 г. наряду с посадкой рядов культур через 1.2–4.0 м (Калинин, 2013), применяли нестандартную схему с попарно сближенными рядами, с расстоянием между ними до 7–9 м. Мелкотоварный лес и порубочные остатки сдвигали в валы, чередуя их с полосами корчевки. Спустя 35 лет они выгодно отличались от равномерных культур (Карасева и др., 2013). Вместе с тем, онтогенез растений в таких сдвоенных рядах весьма необычен. Поэтому важен прогноз их возможной эволюции, поскольку результаты выращивания подобных культур ограничены пока вторым классом возраста, т.е., по существу, это еще молодняки. Представляется важным для определения стратегии ухода за ними проследить механизм превращения таких посадок в древостой с теоретических позиций. Рассмотрим и обсудим рост таких необычных «сдвоенных рядовых» культур, привлекая исследования известных ученых.

После успешной посадки, например, сдвоенных рядов через 1.2 м, а в ряду между растениями через 0.6 м, спустя 7–10 лет смыкаются растения в рядах, а через 3–5 лет смыкаются и эти два ряда. Растения используют ресурсы среды далеко за пределами рядов, и получается тип аллейных посадок, в которых появляются биогруппы из наиболее развитых деревьев. Такие близкие к линейному типу биогруппы в естественных лесах возникают редко; обычно они образуются вначале как скопления подроста и среди них выделяются лидеры и аутсайдеры, долго сохраняющие свой ранговый статус (Маслаков, 1981). Лидеры часто формируют и устойчивые биогруппы, сохраняющиеся до спелого возраста, в которых растет до 28-57% деревьев (Ипатов, Тархова, 1975). В связи с этим есть концепция об их приуроченности к благоприятным «биоактивным зонам» (Марченко, 1995). Доказаны и негативные последствия при удалении одного из 2–3 членов биогруппы (Маслаков, 1999; Сеннов, 1999; Шутов и др., 2001).

Однако дело еще и в том, *какие* по генотипу деревья имеют «входной билет» в такие плотные биогруппы. В них непростые конкурентные отношения, включающие взаимную толерантность растений (Горячев, 1999) и появились подходы, объясняющие их с весьма неожиданной стороны, в том числе взаимоотношениями между правыми и левыми формами (Голиков, Рогозин, 2013). Кроме того, в разделе 1.2 настоящей книги было показано, что сокращение расстояния между растениями в рядах культур с 0.75 до 0.6 м, т.е. усиление конкуренции, приводит к ослаблению действия рангового закона Е.Л. Маслакова. В результате надежность ранней диагностики крупных деревьев снижается с 68 до 62%, а из мелких стволиков, наоборот, лидеры формируются в 6 раз чаще.

Мы проанализировали ранее сделанные нами выводы и модели роста, а также концепции, гипотезы и результаты других исследователей, занимавшихся выяснением тенденций отбора и первых шагов эволюции у древесных растений. На этой основе можно выстроить логическую модель развития древостоя. При этом мы не претендуем на исчерпывающие теоретические обобщения; но попытки такого рода нужны для понимания тенденций эволюции в экстремальных условиях.

Рассмотрим конкретные примеры.

Так, в исследованиях А.М. Голикова и Н.Л. Бурого (2008) в Псковской обл. были изучены плантационные 28 летние культуры ели и сосны в эдатопе C_2 (ель) и C_3 (сосна), с густотой посадки 1.0 (редкие) и 4.0 тыс. экз./га (густые культуры). В густых посадках правые формы превосходили левые по объему ствола до 33%. В редких посадках, наоборот, левые формы превышали правые по объему ствола на 10-23%. Нужно отметить, что условия C_2 и C_3 для левых форм подходят мало, но они почему-то все равно развивались здесь лучше правых – в редких посадках. Из этого следует важный вывод: в плантационных культурах левые формы будут продуктивнее правых даже во влажных условиях. Это стратегически принципиально для популяции: если появляется обилие света, то левые формы выходят в лидеры даже в нетипичных для них влажных условиях (Голиков, 2014; Голиков, Жигунов, 2012).

На этих же участках для анализа хода роста было изучено 185 моделей ели. По стабильности роста выделено 4 типа развития: стабильно быстрое (L+, D+); стабильно медленное (L– , D–); ускоренное (L – +, D – +); замедленное (L + – , D + –). Оказалось, что в редких культурах большую часть запасов древесины (59.5%) накапливают левые формы, а в густых – правые формы (65.2%). Примечательно явное доминирование запасов у стабильно растущих левых (L+) и правых (D+) форм, формирующих особенно крупные стволы; именно они являются центрами накопления запасов древесины, и именно на них должны быть направлены усилия лесоводов, селекционеров и генетиков (рис. 6.5).

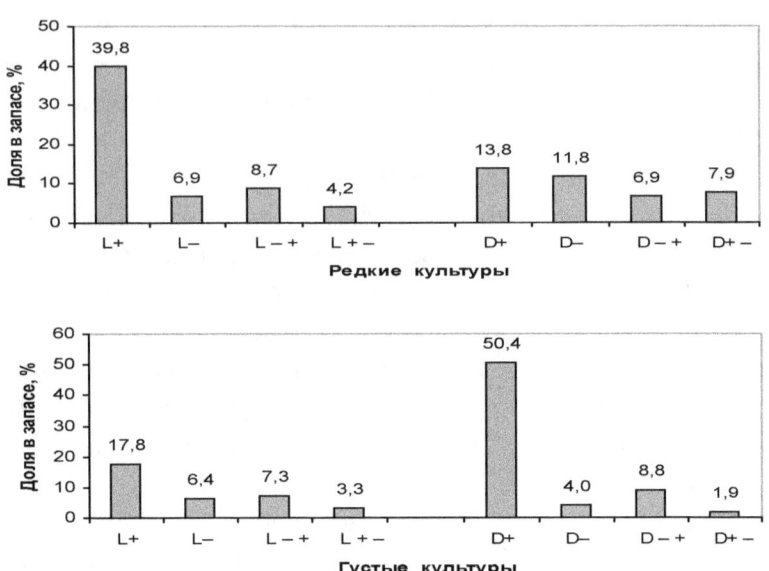

Рис. 6.5 – Доли в запасах древесины у левых (L) и правых (D) форм ели с разными типами роста (Голиков, Рогозин, 2013)

Была изучена (Голиков, 2011) и генетическая структура обычных культур сосны в брусничном и черничном типах леса, заложенных по схеме 0.6×1.5 м. В 65 лет в черничнике сохранность деревьев оказалась 870, а в брусничнике – 550 экз. на 1 га. Популяции имели одинаковый уровень наблюдаемой гетерозиготности (H^0), но анализ изопопуляций обнаружил, что в черничнике между H^0 у правых форм и ростом их по диаметру и высоте связь достоверно отрицательная (r = –0.28 и r = –0.32), а у левых форм наоборот, положительная (r = 0.31 и r = 0.34). В брусничнике зависимости были обратными, т.е. лидирующие по росту правые формы в желательных для них условиях (в черничнике) имели низкую гетерозиготность (H^0= 0.172±0.016), а в менее комфортном брусничнике, наоборот, высокую (H^0= 0.230±0.011).

Отметим, что разное увлажнение этих эдатопов, между которыми как раз и проходит линия разделения предпочтений для правых и левых форм, не помешала правым формам преобладать в «нелюбимых» ими более сухих условиях брусничника и причиной этого была высокая исходная густота посадок, т.е. влияние конкуренции вновь оказалось сильнее, чем эдафические предпочтения и регуляция их роста получилась такая же, как и у левых форм в описанных выше плантационных культурах в возрасте 28-лет (Голиков, Бурый, 2008).

Суммируя выводы из работ А. М. Голикова, а также наши выводы из предыдущих разделов данной книги, опишем следующие явления, наблюдаемые в развивающихся древостоях сосны и ели:

а) противоположная реакция на конкуренцию в виде изменения частоты встречаемости и продуктивности правых и левых форм;

б) изначальная адаптация этих форм к сухим или влажным почвам;

в) различия в генотипической структуре у разных по плотности популяций (в плотных больше правых, в редких – левых форм);

г) «память» потомства на конкурентные условия, в которых формировались родители;

д) развитие древостоя с 25-45 лет строго в рамках определенной модели роста, определяемой начальной густотой.

Все эти явления приводят к тому, что в развитии древостоев возникает некий критический период, после которого почти невозможно изменить тип его развития (линию роста, модель развития). Он приходится, например, в ельниках изначально очень густых уже на 15–20 лет. Другие породы будут иначе менять линии роста в ответ на разреживания и на начальную густоту, однако общее правило не изменится: крайне важно начинать регулировать густоту молодняков задолго до наступления критического периода максимумов полноты, сомкнутости полога, сомкнутости крон и прироста. Отсутствие разреживаний особенно критично для культур на сухих почвах, где *должны преобладать* левые формы, предпочитающие такие условия и хорошо растущие при ослабленных конкурентных отношениях.

Рассмотренные выше множественные связи и влияния невозможно свести к главенству каких-либо одних и принизить значимость других. Нашей задачей было попытаться объединить их в некую непротиворечивую концепцию и дать прогноз возможного развития культур на сухих почвах. Изложим ее в виде нескольких пунктов, используя некоторые конкретные примеры из практики выращивания культур.

1. При использовании семян материнских популяций из сухих типов леса в их потомстве мы получаем левых форм на 10–24% больше (Голиков, 2014). К 8–10 годам в культурах именно из них формируются лидеры (Маслаков, 1981, Рогозин, 1983, 2013а). В это время кроны смыкаются, что вызывает депрессию их роста и выход в лидеры уже правых форм, толерантных к конкуренции. Но если ценоз разреживать и держать лидеров в условиях относительной свободы, с ориентацией на оставление к 50-60 годам примерно 0.7–1.0 тыс. деревьев на 1 га, то левые формы сохранят лидеров и ход роста будет самым продуктивным.

2. Если же разреживания плантационных культур произвести позднее, например, в 20–40 лет, ожидая «дифференциации» после смыкания крон между рядами, как это предписывает традиционное лесоводство, то это приведет к преобладанию в древостое уже правых форм, лидирующих в условиях высокой плотности, но растущих хуже левых в сухих условиях; левые формы останутся в меньшинстве, и ценоз понизит продуктивность, что и наблюдалось при массовом исследовании таких культур в Поволжье (Романов, Нуреева, Еремин, 2013).

3. При использовании семян из оптимальных по увлажнению типов леса можно рассчитывать на получение в потомстве равного соотношения правых и левых форм.

Однако если для заготовки семян будут выбраны густые древостои, то доля нежелательных для сухих условий правых форм увеличиться. Поэтому в селекции сосны для плантационного выращивания необходимо ввести следующий принцип: «семена получают (заготавливают, выращивают на ЛСП, ПЛСУ) точно в тех условиях, в каких планируется выращивание ее культур; отбор исходного материала для ЛСП должен включать в себя отбор плюс-деревьев в древостоях, близких по возрасту (40-60 лет) и по густоте (500-700 экз./га) к плантационным культурам, с полным совпадением почвенно-гидрологических условий» (Рогозин, 2013).

4. Если же в дополнение к несоответствию происхождения семян густые и даже средние по густоте культуры не разреживать, то итог будет печален: они быстро пройдут критический период в соответствии с законом развития древостоев и начнут распадаться уже в 55–70 лет даже в оптимальных условиях. Именно это и случилось со всеми посадками ели, созданными в начале XX века по схеме 0.71×1.42 и 1.07×2.13 м в Пермском крае (культуры Теплоуховых), которые мы обследовали на 28 участках в возрасте старше 70 лет. Все они погибли, не достигнув 90-летнего возраста (Рогозин, Разин, 2012).

5. В отличие от ели финской сосна обыкновенная универсальна; однако и ее устойчивость не бесконечна, и намеренно испытывать ее толерантность к загущению как в рядах культур, так и в биогруппах на сухих почвах, по-видимому, не стоит. Во всяком случае, анализ результатов наших работ по надежности ранней диагностики роста (см. раздел 1.2) и некоторые правила выращивания лесов, из них вытекающие, не оставляют надежд на повышение продуктивности культур и естественных молодняков сосны, выращиваемых до 40 лет в загущенном состоянии. Вполне возможно, что культуры с попарно сближенными рядами будут продуктивны еще некоторое время. Но опасность утраты их устойчивости реальна. Поэтому в

новых опытах были бы показательны варианты ранних (в 10-13 лет) разреживаний таких культур по правилам плантационного выращивания.

6. В генетико-селекционных работах по исследованию потомства разных типов леса, а также плюс-деревьев из них, обязательным принципом является учет *истории густоты* материнского ценоза. При его высокой густоте, скорее всего, будет получено обычное потомство; если же ценоз развивался из редкой начальной густоты, то это будет совпадать с условиями плантационных культур и рост его потомства будет значимо лучше. Эффект обуславливается преобладанием генотипов (левых форм), для которых плантационные культуры отвечают условиям их наилучшего развития.

7. В целом ускоренная методика закладки ступенчатых испытательных культур (Рогозин, 2013а) и эколого-диссимметрийное направление работ (Голиков, 2014) позволят до 3 раз сократить время на процесс выведения новых промышленных сортов хвойных пород.

6.3. Использование селекционно-генетических факторов при выращивании леса

В свете обнаруженных новых закономерностей и тенденций в эволюции хвойных, которые меняются под действием рубок, методов восстановления лесов и селекции, появляются основания для введения *новых правил в управлении древостоями*. Основанные на изучении 355 пробных площадей таксации и селекции потомства 1435 материнских деревьев сосны и ели, правила эти в кратком изложении следующие.

При плантационном выращивании древостоев сосны и ели, с возрастом рубки в 50–65 лет, а также при уходе за лесом необходимо выполнять следующие правила: отбор лидеров (деревьев будущего) и минимизация густоты в 7–10 лет, прекращение регулирования густоты в 35 лет, достижение максимального прироста по запасу в 40 лет. При их соблюдении формируются наивысшие и константные суммы объемов крон, обеспечивающие получение наибольших запасов крупномерной древесины.

Для плантационного выращивания леса необходим специальный семенной и посадочный материал. Изучение процесса его получения с использованием лесной селекции в России показало, что массовый искусственный отбор (плюсовая селекция) является по-прежнему гипотезой, нуждающейся в доказательствах ее положительного применения в каждом конкретном насаждении. Наши исследования ее результатов в Пермском крае показали, что она была эффективна в 42 % популяций ели и обеспечивала повышение высоты 21-летних культур на 5.1% только от этого числа популяций.

Вместе с тем гораздо более высоким оказался эффект селекции, основанной на испытаниях потомства:

- при отборе лучших происхождений ели использование семян от них повышало среднюю высоту выращиваемых культур на 6–15%;

- при отборе 15% лучших по потомству материнских деревьев ели использование семян от них повышало среднюю высоту 21-летних культур на 18-20%;

- получаемые на ПЛСУ сосны семена, при совпадении эдатопов семенных участков с условиями плантационных культур, увеличивают их высоту на 8.9%, а при несовпадении условий и выращивании в более сухих типах леса – только на 2.3%;

- *лесоводственный эффект* использования семян сосны, получаемых на ПЛСУ в среднем составляет 5.6%.

Описанные эффекты получения семян на ПЛСУ (а также на ЛСП с непроверенным потомством) можно закладывать в модели выращивания культур.

ЗАКЛЮЧЕНИЕ

В настоящей монографии проанализировано множество вопросов. Синтез знаний, которые находятся на стыке наук, позволяет интерпретировать процессы в онтогенезе древостоев совершенно иначе, чем это было ранее и он оказывается все более сложным явлением.

Подытожим основные выводы, полученные нами на основе анализа литературы и собственных исследований:

1. Е.Л.Маслаковым (1981, 1984) был открыт «ранговый закон роста» деревьев в древостое. Согласно этому закону деревья с 6-10 лет растут, в основном соблюдая сложившуюся в этом возрасте иерархию по скорости роста. Однако в лесоводстве оценивают «дифференциацию» деревьев только во 2 классе возраста, что приводит к разреживаниям с опозданием на десятки лет. *В учебниках по этот закон не упоминается до сих пор.*

2. Ретроспекция развития деревьев в культурах в возрасте от 4 до 29-74 лет показала, что будущие лидеры диагностируются с 4-5 лет и надежность их выявления достигает у сосны и ели 64 и 68% соответственно, а в 7-10 лет 74 и 76%. При этом вероятность получения лидеров из мелких стволиков у сосны составляет 4%, у ели – 3-7%.

3. У сосны в культурах при сокращении расстояния между растениями в ряду с 0.75 до 0.6 м корреляция между их размерами в 4 года и в 29-40 лет снижается с 0.60 до 0.40. На вероятность получения лидеров и аутсайдеров это влияло по-разному. При повышении густоты вероятность получения лидеров из мелких стволиков возрастала в 6 раз и достигала 26%; крупные же стволики формировали лидеров почти на прежнем уровне (62 и 68%). У ели в период от 7 до 20 лет отмечена задержка вероятностей получения лидеров на уровне 70-80%. Эти явления доказывают, что конкуренция ослабляет действие рангового закона Е.Л. Маслакова.

4. Высокая густота в древостоях отрицательно влияет и на рост их потомства. Они наследуют как бы «память на

конкуренцию»: малая густота родительских ценозов увеличивала высоту потомства в культурах на 19%, а большая густота снижала ее. Было доказано отрицательное действие конкуренции и на плюс-деревья: при ее увеличении высота потомства снижалась на 4.6%, причем отличия проявились уже в 4 года и сохранились до 21 года.

5. В структуре древостоев неравномерное размещение деревьев в виде биогрупп *является неотъемлемым их свойством* (атрибутом). В них растут 28-57% деревьев и биогруппы необходимо учитывать при проведении разреживаний. *Однако в большинстве нормативных документов этот вопрос обходится стороной.* Одной из вероятных причин появления биогрупп могут быть не только неоднородность почвенно-грунтовых условий и плотности обсеменения территории, но и мощные импульсы физических полей Земли, энергию которых деревья используют в узлах геобиологических сетей. К такого рода узлам и могут быть приурочены скопления деревьев в виде биогрупп, а также одиночные деревья-лидеры, в т. ч. и плюсовые деревья.

6. Г.С. Разиным в 1979 г. была открыта основная закономерность морфогенеза древостоев, позднее в расширенном толковании названная *законом развития простых одноярусных древостоев* (Разин, Рогозин, 2010; Рогозин, Разин, 2015). Согласно этому закону каждый древостой один раз за свою жизнь достигает предельных состояний развития по коэффициенту перекрытия кронами горизонтальной поверхности (по сомкнутости крон), а также по сомкнутости полога, сумме площадей сечений стволов, текущему приросту и запасам древесины, после чего снижает их тем сильнее, чем выше была его начальная густота. Параметры начальной густоты были определены от 0.7-1.0 до 172 тыс. шт. деревьев на 1 га. В соответствии с этим законом развитие древостоя четко делится на два периода: прогресс и регресс. Момент перехода от прогресса к регрессу можно считать

критическим периодом, и он продолжается всего несколько лет. Например, в изначально густых ельниках фаза прогресса заканчивается в 20-25 лет и начинается регресс, тогда как в редких по начальной густоте ценозах прогресс продолжается намного дольше – до 40-45 лет. Однако устаревшими нормативными документами при уходе за лесом «проходные» рубки рекомендуются вплоть до приспевающего возраста, т.е. *фазы прогресса и регресса в Правилах ухода за лесом игнорируются.*

7. В управлении древостоями модели выращивания представлены двояко: как модели ухода за естественным лесом в виде программ их формирования рубками (классическое лесоводство) и в виде рекомендаций по выращиванию искусственных лесов (лесные культуры и плантационное выращивание). Они не вполне увязаны со знаниями о природе леса, для чего нужны адекватные модели развития хотя бы простых древостоев и вскрытие законов их морфогенеза.

8. Модели состояний в статике в виде многочисленных местных таблиц продуктивности по классам возраста, называемых также таблицами хода роста полных и модальных древостоев, классифицированы по классам бонитета и по группам типов леса. Они сыграли выдающуюся роль в оценке производительности наших лесов, однако процесс развития древостоев они не отражают. На наш взгляд, все очевиднее становится положение, что системный анализ хода роста и динамики древостоев имеет перекос в сторону изучения их состояний в статике, выхваченных из «движения» древостоев в их биологическом времени. Поэтому драма их развития остается по прежнему почти не изученной. Надо, наконец, признать это и идти дальше.

Практические рекомендации по применению моделей развития и выращивания древостоев будут следующие:

1. Лесоводству нужны *модели развития древостоев*, описывающие в табличной или иной форме сам процесс развития – от возраста формирования древостоя до начала его распада, с выделением фаз прогресса и регресса. Для этих периодов развития нужен совершенно разный тип хозяйственного воздействия – активный в фазе прогресса и пассивный – в фазе регресса. Активное воздействие включает в себя регулирование густоты и удаление живых растений, пассивное – удаление только отмирающих и сухих деревьев. Для моделей важно постулировать интегральные свойства ценоза, например, константы для фитомассы хвои и объемов крон, имеющие ясный биологический смысл в виде неких пределов этих показателей при заполнении полога древостоя биомассой. Возможны два способа разработки адекватных моделей: а) исторический способ – на протяжении всей жизни каждые 5-10 лет изучают параметры древостоя и составляют естественный ряд его развития; б) способ Гейера, при котором отрезки линий динамики древостоев, полученные для древостоев разного возраста, искусственно соединяют друг с другом, «собирая» таким образом весь цикл развития. В последнем случае нужно совпадение условий местопроизрастания и начальных условий развития ценозов. Однако способ этот необходимо модифицировать, а именно, разделить древостои по их начальной густоте, определяемой по комплексу индикаторов, предложенных Г.С. Разиным (1977) и описанных в данной книге. В модификации Г.С. Разина способ Гейера будет близок по точности к историческому методу.

2. *Генетические качества улучшенных семян*, получаемых на ЛСП с непроверенным потомством, а также на ПЛСУ, могут быть заложены в модель выращивания культур как повышение интенсивности их роста в первые 6-12 лет примерно на 5-6%. Непременным условием такого эффекта является точное соответствие эдатопов; например, если ЛСП заложена в условиях B_2, то и культуры должны

выращиваться в нем же. Отклонение даже на одну градацию эдатопа может понизить эффект использования улучшенных семян на непредсказуемую величину.

3. *Модель выведения промышленных сортов* в селекции хвойных для плантационного выращивания должна включать следующие этапы:

- отбор популяций, эдафические условия в которых близки, а лучше полностью совпадают с условиями выращивания культур;

- поиск плюсовых насаждений в возрасте 40-60 лет с историей густоты, совпадающей с историей развития плантационных культур, т.е. т.е. предпочтительны одновозрастные ценозы с малой начальной густотой и наивысшей продуктивностью в 50-60 лет (в возрасте рубки плантаций).

- в отобранных плюсовых насаждениях (не менее 15 на каждый лесосеменной район), а также на объектах ЕГСК, вступивших в плодоношение, собирают семена со случайных деревьев (не менее 50 деревьев на объект) и закладывают этим материалом первые «экспрессные» испытательные культуры, на которых оценивают скорость роста потомств в возрасте 4-6 лет;

- по результатам предыдущего этапа отбирают 60% лучших популяций для выделения плюсовых деревьев;

- далее схема селекции обычная. Для наилучшего эффекта (до 20% повышения роста по высоте) нужно выделить не менее 500 плюсовых деревьев на один лесосеменной район.

4. В случае *использования плюсовых деревьев из разных эдатопов* эффект применения улучшенных семян, скорее всего, будет снижен. Здесь могут понадобиться дополнительные методы, основанные на поддержании оптимальных соотношений генетически различающихся форм, реализующих различные адаптивные стратегии. В этой связи, в частности, актуальны дополнительные исследования по оценке эколого-генетических

особенностей левых и правых изоморф древесных растений и изучению влияния их численных соотношений на рост и развитие экспериментальных популяций в контролируемых условиях. Пока эти методы почти не используются ни генетикой, ни селекцией.

5. В целом ускоренная методика закладки ступенчатых испытательных культур (Рогозин, 2013а) и эколого-диссимметрийное направление работ (Голиков, 2014) позволят примерно в 2-3 раза сократить время на процесс выведения новых промышленных сортов хвойных пород для конкретных условий выращивания.

6. «Коммерческие» рубки ухода за лесом (прореживания и проходные рубки), назначаемые с интенсивностью 15-30%, приходятся на фазу регрессии в развитии древостоев. Длительная их проверка С.Н. Сенновым показала, что они не повышают текущий прирост и будущие запасы спелых древостоев. Кроме того, моделирование нами развития и ухода за древостоями ели в возрасте назначения таких рубок показало, что древостои уже не могут существенно изменить свой ход роста и развития после активных разреживаний. Поэтому рубки ухода с такой интенсивностью в средневозрастных древостоях не имеют ни практических, ни теоретических оснований и должны быть отменены.

В сущности, наша книга была о том, как научиться выращивать целостные сообщества – древостои, направляя их развитие в нужную человеку сторону и соблюдая законы их развития.

ЛИТЕРАТУРА

Агбалян Ю.Г. Глобальная энергетическая сеть Хартмана. Мифы и реальность//Сознание и физическая реальность. 2009. № 12. С. 14-20

Алексеев А.С. Энергетическая модель хода роста запаса древостоев и возможности ее применения для решения задач устойчивого управления лесами // Научные основы устойчивого управления лесами: материалы Всеросс. научной конф. М.: ЦЭПЛ РАН, 2014. С. 10-13.

Антанайтис В.В., Загреев В.В. Прирост леса. М.: Лесн. пром-сть, 1981. – 200 с.

Анучин Н.Н. Лесная таксация. М.: Лесная пром- сть, 1982. – 552 с.

Багинский В.Ф. Ход роста древостоев и его отражение в таблицах и математических моделях // Лесное хоз-во. 2011. № 2. С. 40-42.

Батороев К.Б. Аналогии и модели в познании. Новосибирск: Наука, 1981. 320с.

Битков Л.М. Основы хронолесоводства: рефераты, статьи, эссе на актуальную тему. Калуга: Изд-во научной литературы Н.Ф. Бочкаревой, 2007. 116 с.

Битков Л.М. Устойчивость доминирующмх деревьев ели европейской к корневой губке после проходных рубок // Лесн. х-во, 2008. № 5. С. 23-24.

Битков Л.М. Хронобиологическая концепция лесоводственных мероприятий в сложных ельниках на юго-западе района хвойно-широколиственных (смешанных) лесов европейской части Российской федерации (Калужская область): Дис....д-ра. с.-х. наук. Брянск, 2009. 304 с.

Большакова Н. В. Влияние густоты и размещения посадочных мест на рост ели при выращивании культур по интенсивным технологиям. Автореф. дис. ... к. с-х. наук. С-Пб., 2007. 24 с.

Бузыкин А.И., Охонин В.А., Секретенко О.П. и др. Анализ пространственной структуры одновозрастных древостоев // Структурно-функциональные взаимосвязи и продуктивность фитоценозов. Красноярск, 1983. С. 5-12.

Вайс, А.А. Связь текущего прироста деревьев с морфологическими и социальными показателями на примере древостоев Восточной Сибири // Научный журнал КубГАУ [Электронный ресурс]. Краснодар: КубГАУ, 2009. №47(03). Шифр Информрегистра: №0420900012/0034. Режим доступа: http: //ej.kubagro.ru / 2009 / 03.

Вайс А.А. Научные основы оценки горизонтальной структуры древостоев для повышения их устойчивости и продуктивности (на примере насаждений Западной и Восточной Сибири): Автореф. дис. .... д-ра с.-х. наук. Красноярск, 2014. 33 с.

Василевич В.И. Статистические методы в геоботанике. М., 1969. 167 с.

Варгас де Бедемар А.Ф. Опытные таблицы запаса и прироста нормальных насаждений// Лесной журнал за 1846, 1848, 1850 гг.

Верхунов П.М., Черных В.Л. Таксация леса. Йошкар-Ола: МарГТУ, 2007. – 395 с.

Голиков А.М. Формы сосны обыкновенной и их селекционное значение в условиях Псковской области: Автореф. дис. ... канд. с.-х. наук. Свердловск, 1985. – 18 с.

Голиков А. М. Эколого–диссимметрийный и изоферментный анализ структуры модельных популяций сосны обыкновенной // Лесоведение. 2011. №5. С.46-51.

Голиков А.М. Эколого-диссимметрический подход в генетике и селекции видов хвойных. LAP LAMBERT Academic Publishing, 2014.–162 с.

Голиков А.М., Бурый Н.Л. Влияние густоты посадки на рост и конкурентные отношения энантиоморф сосны и ели в 28–летних плантационных культурах // Рациональное природопользование и перспектива устойчивого развития лесного сектора экономики: Тез. докл. конф., Великий Новгород: НовГУ им. Ярослава Мудрого, 2008. С. 78-81

Голиков А. М., А.В. Жигунов. Использование эколого–диссимметрического подхода в селекционной практике генетического улучшения хвойных лесов: Методические рекомендации. СПб: СПбНИИЛХ, 2012. – 62 с.

Голиков А.М., Рогозин М.В. Рост и конкурентные свойства энантиоморф ели европейской в 28-летних культурах // Вестник Пермского ун-та, 2013. №1. С. 4-13.

Горелов А.М. Биолокация и ее использование в изучении растений. Киев: Фитосоциоцентр, 2007. – 112 с.

Горячев В.М. Влияние пространственного размещения деревьев в сообществе на формирование годичного слоя древесины хвойных в южнотаежных лесах Урала // Экология. 1999. № 1. С. 9–19.

Грабарник П.Я., Женет А. Секретенко О.П., Безрукова М.Г. Моделирование пространственно-временной структуры древостоя с учетом механизмов конкуренции // Научные основы устойчивого управления лесами: Материалы Всеросс. научной конф. М.: ЦЭПЛ РАН, 2014. С. 100.

Грейг-Смит. Количественная экология растений. М.: Мир, 1967.359 с.

Грибанов В.Я., Кузьмичев В.В. Анализ морфологической структуры сосновых древостоев // Продуктивность и структура лесных сообществ. Красноярск: ИЛиД, 1985. С. 29-35.

Грибанов В.Я. Пространственная структура древостоев // Структура и рост древостоев Сибири. Красноярск: ИЛиД, 1993. С. 55-67.

Гурвич А.Г. Принципы аналитической биологии и теории клеточных полей. М.: Наука, 1991. – 160 с.

Давидов М.В. К вопросу об установлении типов роста древостоев в натуре // Лесной журнал, 1977. № 6. С.11-16.

Давидов М.В. К вопросу об установлении типов роста древостоев в натуре// Лесной журнал. 1977. № 6. С.11-16.

Дворецкий М. Л. О степени устойчивости средних деревьев древостоя с возрастом // Лесной журнал, 1966, №5. С.45-48.

Демиденко В.П., Тараканов В.В. Сравнительная оценка интенсивности роста 20-летних потомств плюсовых деревьев сосны в Новосибирской области //Лесное хоз-во, 2008. № 5. С. 36-37.

Драгавцев В.А. Как помочь накормить человечество// Биосфера, 2013, т. 5. №3. С. 279-290.

Ефимов В.М., Тараканов В.В., Роговцев Р.В. Применение методов многомерной статистики для ранней диагностики лучших по росту популяций сосны в географических культурах/Хвойные бореальной зоны 2010. № 1-2. С. 58-62.

Желдак В.И., Атрохин В.Г. Лесоводство: учебник. Часть 1. М.: ВНИИЛМ, 2003. – 306 с.

Жирин В.М. Распределение расстояний между деревьями в насаждениях аридной зоны // Совершенствование существующих и разработка новых методов инвентаризации леса // Научн. труды ЛТА №131. Л.: ЛТА, 1970. С. 35-39.

Загреев В.В. Географические закономерности роста и продуктивности древостоев. М.: Лесная пром-сть, 1978. – 240 с.

Зайченко Л.П. Исследование размещения деревьев в сосновых древостоях // Лесная таксация и лесоустройство: Межвуз. сб. науч. тр. Красноярск, 1973. Вып. 2. С. 82-87.

Закономерности лесной таксации. Методическое пособие. Под ред. В.Антанайтиса. Каунас: ЛитСХА, 1976. – 128 с.

Ипатов В.С., Тархова Т.Н. Количественный анализ ценотических эффектов в размещении деревьев по территории // Ботанический журнал, 1975. № 9. С.1237-1250.

Исаков Ю.Н. Эколого-генетическая изменчивость и селекция сосны обыкновенной: Автореф. ... д-ра биол. наук. С-Пб, 1999. – 36 с.

Итоги экспериментальных работ в лесной опытной даче ТСХА за 1862-1962 годы. М.: Минсельхоз СССР. Изд-во Академии им. К.А.Тимирязева, 1964. – 562 с.

Кайрюкштис Л.В., Юодвалькис А.И. Явление смены характера взаимоотношений между индивидами внутри вида // Лесоведение и лесное хозяйство. Минск, 1976. Вып. II. С. 16–24.

Кайрюкштис Л. В., Озолинчюс Р.В. Изменение роста и строения крон ели в процессе образования ценоза // Лесн. хоз-во. 1985. №5. С. 47-53.

Калинин К.К. Лесоводство: курс лекций. Изд. 2-е, стереотипное. Йошкар-Ола: МарГТУ, 2011. – 248 с.

Калинин К.К. Особенности естественного и искусственного лесовосстановления на гарях 1921 и 1972 годов в Марийском Заволжье // Лесовосстановление в Поволжье: состояние и пути совершенствования: сборник статей. Йошкар-Ола: ПГТУ, 2013. С.55-61.

Карасева М. А., Карасев В. Н., Лежнин К. Т. Агротехнические аспекты повышения биологической устойчивости культур сосны обыкновенной на гарях в боровых условиях//Лесовосстановление в Поволжье: состояние и пути совершенствования. Йошкар-Ола: ПГТУ, 2013. С.68-74.

Ковалев Б. И. Состояние и мониторинг хвойных лесов центральной Сибири и Вятско-Камского региона. Автореф. .... дисс. д. с./х. наук. Брянск, 2002. 45 с.

Козловский В.Б., Павлов В.М. Ход роста основных лесообразующих пород СССР (Справочник). М: Лесная пром-сть», 1967. – 327с.

Комаров А.С., Шанин В.Н. Имитационное моделирование круговоротов углерода и азота в лесных экосистемах бореальной зоны //Научные основы устойчивого управления лесами: Матер. Всеросс. научной конф. М.: ЦЭПЛ РАН, 2014. С.168-169.

Комин Г.Е. Изменение рангов деревьев по диметру в древостое// Свердловск: Труды ИЭРЖ, 1970, вып. 67. С. 18-26.

Копылов И. С. Научно-методические основы геоэкологических исследований нефтегазоносных регионов и оценки геологической безопасности городов и объектов с применением дистанционных методов. Автореф. дис. ... д-ра геолого-минерал. наук. Специальн. 25.00.36 «Геоэкология». Пермь: ПГНИУ, 2014. – 48 с.

Котов М.М., Котова Л. И., Лебедева Э. П., Шведов Е. И., Вяткин А.М. Типы деревьев сосны по росту в высоту и их значение в семеноводстве // Лесной журнал, 1977. № 6. С. 23-27.

Кофман Г.Б. Рост и форма деревьев. Новосибирск: Наука, 1986.– 211 с.

Кофман Г.Б., Гуревич М Ю. Предельные и оптимальные состояния древостоев// Сибирский экологический журнал, 2001, №5. С.623-629.

Кузьмина Н.А., Кузьмин С.Р. Отбор перспективных климатипов сосны обыкновенной в географических культурах в Красноярском Приангарье//Хвойные бореальной зоны, XXVII, № 1–2, 2010. С. 115-117.

Кузьмичев В.В. Закономерности роста древостоев. Новосибирск: Наука, 1977. – 160 с.

Кузьмичев В.В. Эколого-ценотические закономерности роста одновозрастных сосновых древостоев: Афтореф. дис. ... д-ра биол. наук. Красноярск, 1980. – 31 с.

Кузьмичев В.В. Закономерности динамики древостоев. Новосибирск: Наука, 2013. – 208 с.

Кун Т. Структура научных революций. М.: АСТ, 2009. – 320 с.

Кунщуаков В.Х. Перегруппировка деревьев по высоте в сосновых молодняках// Вестник сельскохозяйственной науки Казахстана. Алма-Ата, 1983. № 10. С 28-32.

Лакин Г.Ф. Биометрия. М.: Высшая школа, 1973. – 360 с.

Лебков В .В. Дендрометрические основы структурно-динамической организации древесных ценозов сосны: Диссертация в форме научного доклада ... д-ра биол наук. М., 1992. – 43 с.

Лебков В. Ф. Метод составления таблиц хода роста и определения оптимальной густоты насаждений//Лесное хозяйство, 1965. № 2. С. 19-23.

Лесков Н. Д. Особенности таксационной характеристики и структуры биогрупп в типе леса бор-брусничник //Труды по лесн. хоз-ву Уральского лесотехн. ин-та. Свердловск, 1956. С. 56-60.

Лесная энциклопедия. М.,1986. Т.2. – 890 с.

Логвинов И.В. О некоторых особенностях в строении и росте смешанных сосново-еловых насаждений типа леса сосняк-черничник Ленинградской области// Техническая информация по результатам научно-исследовательских работ ЛТА. Л., 1955. С. 65-71.

Малышев И.И., Щербакова М.А. О моделировании пространственного распределения деревьев в географических культурах ели обыкновенной//Всесоюзное совещание по лесной генетике, селекции и семеноводству. Тезисы докладов. Петрозаводск: Карельский филиал АН СССР, 1983. С. 84-85.

Мамаев С.А. Формы внутривидовой изменчивости древесных растений на Урале (на примере сем. Pinaciae). М.: Наука, 1972. – 284 с.

Мартынов А. Н. Динамика горизонтальной структуры древостоев ели//Труды С-ПбНИИЛХ. Вып. 21. С-Петербург, 2010. С. 109-113.

Марченко И. С. Биополе лесных экосистем. Брянск: БТИ,1973. – 91 с.

Марченко И.С. Биополе лесных экосистем. Брянск:БГИТА,1995.–188 с.

Марченко И.С., Брайко В.Б. Деревья главного пользования// Молодые ученые 40-летию победы и 1000-летию г. Брянска. Брянск, 1985. С. 38-39.

Марченко И.С., Коряко В.И., Немцова О.Н., Ильюшкина А.В. Рост лучших деревьев в насаждении // Молодые ученые – народному хозяйству: Тезисы докладов 2-й научно-технич. конф. Брянск: БТИ, 1983. С.46-47.

Марченко И.С., Марченко С.И. Нетрадиционное лесоводство: Авторский курс / Ред. Е.С. Мурахтанов. Брянск: БГИТА, 1998. – 419 с. http://biopolemar.narod.ru/netradi.htm

Маслаков Е.А. Эколого-ценотические факторы возобновления и формирования (организации) насаждений сосны: Автореф. дис. ... д-ра биол. наук. Свердловск, 1981 . – 50 с.

Маслаков Е.Л. Формирование сосновых молодняков. М.: Лесная пром-сть, 1984. – 168 с.

Маслаков Е.Л. Генезис и динамика социальных структур сосны в фазе индивидуального роста//Таёжные леса на пороге XXI века. СПб.: СПбНИИЛХ, 1999. С. 42-51.

Мелехов И.С. Лесоведение. М.: Лесная пром-сть, 1980. - 406 с.

Мерзленко М.Д., Бабич Н.А. Теория и практика искусственного лесовосстановления: учебное пособие. Архангельск, 2011. – 239 с.

Миронов О.В. Лесоводственные основания аппроксимации хода роста//Лесное хоз-во. 2013. №4. С. 30-32.

Моделирование динамики органического вещества в лесных экосистемах (отв. ред. Кудеяров В.Н.). М.: Наука, 2007. – 380 с.

Моисеенко Ф.П. О закономерностях в росте, строении и товарности насаждений: доклад на соискание ученой степени д-ра с.-х. наук. Киев, 1965. – 78 с.

Молотков П.И., Патлай И.Н., Давыдова Н.И., Щепотьев Ф.Л., Ирошников А.И., Мосин В.И., Пирагс Д.М., Милютин Л.И. Селекция лесных пород. М.: Лесн. пром–сть, 1982. – 224 с.

Мордась А. А., Раевский Б. В., Акимова Е. В. Рост и развитие полусибсовых потомств сосны обыкновенной на ранних этапах онтогенеза //

195

Научные основы селекции древесных растений Севера.- Петрозаводск: Карельский науч. центр РАН, 1998. С. 43-50.

Набатов Н.М. Лесоводство: учебное пособие. М.: МГУЛ, 2002. –190 с.

Наквасина Е.Н. Географическая изменчивость как основа семеноводства сосны обыкновенной на Европейском Севере России. Дис... д-ра с.-х. наук. Архангельск, 1999. – 488 с.

Нагимов З.Я. Закономерности роста и формирования надземной фитомассы сосновых древостоев: Дис.... д-ра с.-х. наук. Екатеринбург: УГЛА, 2000. – 409 с.

Нестеров В.Г. Вопросы современного лесоводства. М.: Госсельхозиздат, 1961. – 384 с.

Никитин К.Е., Швиденко А.З. Методы и техника обработки лесоводственной информации. М., 1978.– 164 с.

Новикова Т.Н. Линейный прирост и дифференциация сибирских климатипов сосны в географических культурах в Западном Забайкалье // Хвойные бореальной зоны. 2010. № 1– 2,. С 143-146.

Одум Ю. Экология. В 2-х т. М.: Мир, 1986. Т.1. – 328 с. Т.2 – 376 с.

Ожегов С.И., Шведова Н.Ю. Толковый словарь русского языка. Издан. 4-е, дополненное. М.: РАН, ООО «А Темп», 2007. 944 с.

Орлов М.М. Таблица хода роста нормальных насаждений//Лесной журнал. 1897. № 3.

Основные положения по лесному семеноводству в Российской Федерации. М.: ВНИИЦлесресурс, 1994. – 24 с.

Паутов Ю.А. Состояние, рост и особенности формирования культур сосны в Коми АССР. Автореф. Дис....канд. с.х. н. Л.: ЛТА, 1984. – 20 с.

Плантационное лесоводство /под ред. И.В. Шутова. СПб.: Изд-во Политехн. ун-та, 2007. – 366 с.

Плотников В.В. О горизонтальной структуре древесного яруса лесных сообществ// Лесоведение, 1968. № 5. С. 3-11.

Поляков А.Н., Ипатов Л.Ф., Успенский В.В. Продуктивность лесных культур. М.: Агропромиздат, 1986. 240 с.

Правилами ухода за лесами. МПР РФ. Приказ №185 от 16.07.2007.

Прокопьев М.Н. Культуры сосны в таежной зоне. М.: Лесная пром-сть, 1981. – 136 с.

Проскуряков М.А. Элементарная группа деревьев, ее значение и соотношение с другими единицами пространственной структуры лесов//Вестник АН КазССР. Алма-Ата, 1981а. С. 9.

Проскуряков М.А. Биогруппы деревьев как управляющие центры в лесу//Биоэкологические исслед. в еловых лесах Тянь-Шаня. Алма-Ата, 1981-б. С.42-54.

Реймерс Н.Ф. Экология (теории, законы, правила, принципы и гипотезы). М.: Журнал «Россия молодая», 1994. – 367 с.

Разин Г.С. Об изменчивости класса бонитета и полноты насаждений с возрастом// Лесной журнал, 1965. №5. С.37-39.

Разин Г.С. О методе составления таблиц хода роста и определения оптимальной густоты насаждений // Лесное хозяйство, 1966, № 1. С. 41-45.

Разин Г.С. Об основной закономерности морфогенеза древостоев// Материалы научной конф. по итогам научно-исслед. работ за 1974 г. Секция: Лесное хозяйство. Йошкар-Ола: Марийский политехн. ин-т, 1975. С. 167-168.

Разин Г.С. Метод составления таблиц хода роста древостоев (насаждений) //Лесной журнал. 1967. № 5. С. 71-74.

Разин Г.С. Изучение и моделирование хода роста древостоев с различной первичной густотой (на примере ельников Пермской области): Методические рекомендации. Л.: ЛенНИИЛХ, 1977а. – 43 с.

Разин Г.С. Эскизы таблиц хода роста древостоев (сосны, ели, березы и осины) с полнотой 1.0 по бонитетам//Основные положения организации и развития лесного хозяйства Пермской области. Гослескомитет СССР. В/О «Леспроект». Пермь, 1977б. С. 437-455.

Разин Г.С. Динамика сомкнутости одноярусных древостоев // Лесоведение. 1979. № 1. С. 23-25.

Разин Г.С. Динамика сомкнутости одноярусных ельников и принципы выращивания высокопродуктивных древостоев // Лесное хозяйство, 1980. № 6. С. 35-37.

Разин Г.С. Способ определения оптимальной текущей густоты древостоев при их целевом выращивании // Лесной журнал, 1981. №3. С.35-38.

Разин Г.С. Программы разреживания и выращивания высокопродуктивных и устойчивых древостоев / Информ. лист Пермского ЦНТИ. Пермь: ЦНТИ, 1982. № 405. – 4 с.

Разин Г.С. Модели роста древостоев еловых культур разной густоты// Лесоведение, 1988. № 2. С.41-47.

Разин Г.С. О системе моделей роста и динамики продуктивности лесов России (о таблицах хода роста) // Лесное хоз-во. 2010. № 4. С. 43-44.

Разин Г.С., Рогозин М.В. О ходе роста древостоев. Догматизм в лесной таксации // Вестник Пермского университета. 2009. Вып. 10(36). С. 9-38.

Разин Г.С., Рогозин М.В. О законах и закономерностях роста и развития, жизни и отмирания древостоев//Лесн. хоз-во. 2010а, № 2. С.19-20.

Разин Г.С., Рогозин М.В. О ходе роста древостоев. Догматизм в лесной таксации // Лесная таксация и лесоустройство. 2010б. №1. С.41-70.

Разин Г.С., Рогозин М.В. О методических подходах построения эскизов таблиц хода роста // Лесная таксация и лесоустройство. 2011. №1-2. С. 48-57.

Разин Г.С., Рогозин М.В. Теория естественной возрастной динамики одноярусных древостоев // Лесное х-во. 2012-а. № 3. С. 41-42.

Разин Г.С. Рогозин М.В. О таблицах хода роста нормальных (сомкнутых, полных) древостоев (о догматизме в лесных науках) //Лесная таксация и лесоустройство, 2012-б. №2 (48). С 10-16.

Реймерс Н.Ф. Экология (теории, законы, правила, принципы и гипотезы). М.: Журнал «Россия молодая», 1994. – 367 с.

Роговцев, Р.В., Тараканов В.В., Ильичев Ю.Н. Продуктивность географических культур сосны в условиях среднеобского бора // Лесное хоз-во. 2008. № 2. С. 36-38.

Рогозин М.В. К вопросу о конкурентных взаимоотношениях в сосновых культурах в аспекте их густоты. Пермь: Перм. ун-т, 1980. – 9 с. – Рукопись деп. в ВИНИТИ 03.01.80 № 78-80деп.

Рогозин М.В. Ранняя диагностика быстроты роста сосны обыкновенной в культурах// Лесоведение. 1983. № 2. С. 66-72.

Рогозин М.В. Ретроспекция развития деревьев в культурах ели Ф.А.Теплоухова и ранняя диагностика быстроты роста//Лесное хоз-во. 2012. №6. С. 37-40.

Рогозин М.В. Геобиологические сети Хартмана и Карри в испытательных культурах ели сибирской // Вестник Пермского университета. Сер. Биология. 2011. №2. С. 54-60.

Рогозин М.В. Изменение параметров ценопопуляций Pinus sylvestris L. и Piceaxfennica (Regel) Kom. в онтогенезе при искусственном и естественном отборе: Дис. д-ра биол. наук. Пермь: ПГНИУ, 2013а. – 370 с. http.www. elibrary.ru;

Рогозин М. В. Геоактивные зоны и долговечность плюсовых деревьев //Биоразнообразие и культуроценозы в экстремальных условиях. Матер. докл. II Всероссийской научн. конф. с междун. участием. ПАБСИ КНЦ РАН. Апатиты-Кировск, 13-17 августа 2013б. Апатиты, 2013б. С. 162-167.

Рогозин М.В. Влияние улучшения условий формирования семян сосны обыкновенной на рост потомства // Лесное хоз-во. 2014. №6. С. 35-37.

Рогозин М. В., Голиков А. М., Разин Г. С. О выращивании леса на сухих почвах: теоретические подходы//Вестник Поволжского гос. технолог. ун-та. Серия: Лес. Экология. Природопользование. 2014. № 3 (23). С. 5-17.

Рогозин М.В., Прокопьев М.Н., Разин Г.С. Ранняя диагностика и типы роста у сосны обыкновенной. Пермь: Перм. ун-т, 1986. 17 с., библиогр. 60 назв. Рукопись деп. в ЦБНИТИлесхоз 04.06.87 № 598-лх87.

Рогозин М.В., Разин Г.С. Лесные культуры Теплоуховых в имении Строгановых на Урале: история, законы развития, селекция ели. Пермь: ПГНИУ, 2011. – 192 с.

Рогозин М.В., Разин Г.С. Лесные культуры Теплоуховых в имении Строгановых на Урале: история, законы развития, селекция ели. Издание второе. Пермь: ПГНИУ, 2012. – 210 с. http.www. elibrary.ru; http://www.campus.psu.ru/library/node/176612

Рогозин М.В., Разин Г.С. Постоянные величины (константы) в ходе роста древостоев //Лесное хоз-во. 2013. №1. С. 43-45.

Рогозин М.В., Разин Г.С. Развитие древостоев. Модели, законы, гипотезы [Электронный ресурс] – Пермь : [б. и.], 2015 http://k.psu.ru/library/node/298268

Романов Е.М., Нуреева Т.В., Еремин Н.В. Искусственное лесовосстановление в Среднем Поволжье: состояние и задачи по совершенствованию // Вестник ПГТУ. Серия: Лес. Экология. Природопользование. 2013. № 3. С.5-14.

Рыжкова Н.И. Структура древостоя культур лиственницы в Ленинградской области и Южной Карелии // Отечественная геоботаника: основные вехи и перспективы: Материалы Всерос. научн. конф. (Санкт-Петербург, 20-24 сентября 2011 г.). Т.2: Структура и динамика растительных сообществ. СПб, 2011. С. 204-206.

Рубцов М.В., Глазунов Ю.Б., Николаев Д.К. Лиственница европейская в центре Русской равнины// Лесное хозяйство. 2011. №5. С. 26-29.

Рябоконь А. П. Динамика сортиментной структуры сосновой древесины при различных режимах выращивания // Лесное хоз-во. 1990. №2. С. 48-50.

Савич Ю.М. Рост и продуктивность сосновых культур // Науч. тр. Укр. Академии с.-х. наук. Киев, 1960. Т.13. С. 48-53.

Сазонов А.А., Кухта В.Н., Блинцов А.И., Звягинцев В.Б., Ермохин М.В. Массовое усыхание еловых лесов Беларуси на рубеже XX-XXI вв. и пути минимизации его последствий // Лесное хоз-во. 2014. №3. С. 9-12.

Свалов Н.Н. Прогнозирование роста древостоев//Лесоведение и лесоводство. Т. 2. Итоги науки и техники. М.: ВИНИТИ, 1978. С. 110-197.

Свалов Н.Н. Моделирование производительности древостоев и теория лесопользования. М.: Лесная пром-сть, 1979. – 216 с.

Семечкин И.В., Зиганшин Р.А. О применении таблиц хода роста и о ландшафтном определении границ таксационных участков при лесоустройстве// Лесная таксация и лесоустройство, 2008. №1. С. 73-82.

Семечкин И.В., Зиганшин Р.А. К вопросу о методических подходах при построении эскизов таблиц хода роста // Лесная таксация и лесоустройство, 2010. № 1. С. 73-77.

Сеннов С.Н. Уход за лесом: экологические основы. М.: Лесная пром-ть, 1984.–127 с.

Сеннов С.Н. Итоги 60-летних наблюдений за естественной динамикой леса// С-Пб.: СПбНИИЛХ, 1999. – 98 с.

Сеннов С.Н. Лесоведение и лесоводство: Учебник для студ. вузов. М.: Академия, 2005. – 256 с.

Стяжкин В.П. Возрастная динамика оптимальной густоты и максимальной производительности древостоев ели // Лесное хоз-во. 2005. № 4. С. 40-43.

Сукачев В.Н. О внутривидовых и межвидовых взаимоотношениях среди растений // Сообщения института леса. Вып. 1. М.: АН СССР, 1953. С. 5-44.

Тараканов В.В., Демиденко В.П., Ишутин Я.Н., Бушков Н.Т. Селекционное семеноводство сосны обыкновенной в Сибири. Новосибирск: Наука, 2001. – 230 с.

Титов Ю.В. Эффект группы у растений. Л.: Наука, 1978. – 151 с.

Ткаченко М.Е. Общее лесоводство. М.-Л.: Гослесбумиздат,1962. -600 с.

Товстолес Д.И. Лиственничные насаждения Линдуловской рощи. Изв. Имп. лесного ин-та. Вып. XV. Спб. 1907. С. 3-160

Третьяков Н.В. Закон единства в строении насаждений. М.–Л.: Новая деревня, 1927. – 113 с.

Третьяков Н.В. Методика составления таблиц и проверка существующих // Сб. трудов ЦНИИЛХ. М.: Гослестехиздат, 1937. С. 4-44.

Третьяков Н.В., Горский П.В., Самойлович Г.Г. Справочник таксатора. Таблицы для таксации леса. М.-Л.: Гослесбумиздат, 1952. 560 с.

Тюрин А.В. Нормальная производительность насаждений сосны,березы, осины и ели. М.- Л.: Сельколхозгиз, 1931. – 200 с.

Тюрин А.В., Науменко И.М., Воропанов П.В. Лесная вспомогательная книжка. М: Гослестехиздат, 1944. – 407 с.

Тябера А.П. Моделирование производительности сосновых древостоев разной густоты // Лесное хоз-во. 1982. №5. С. 59-62.200

Указания по лесному семеноводству в Российской Федерации// Утверждены федер. службой лесого х-ва России 11.01. 2000. М., 2000. – 197 с.

Усольцев В.В. Рост и структура фитомассы древостоев. Новосибирск: Наука, 1988. – 253 с.

Усольцев В.А., Нагимов З.Я., Деменев В.В., Мельникова И.В. Методы и таблицы оценки надземной фитомассы деревьев // Леса Урала и хозяйство в них. Екатеринбург, 1993. Вып. 16. С. 90-110.

Усольцев В.А. Формирование баз данных о фитомассе лесов. Екатеринбург: УрО РАН. 1998. – 543 с.

Факторы регуляции экосистем еловых лесов / под ред. В.Г.Карпова. Л.: Наука, 1983. – 318 с.

Хохрин А.В. Внутривидовая диссимметрическая изменчивость древесных растений в связи с их экологией. Автореф. дис.... д-ра биол. наук. Свердловск, 1977. – 49 с.

Царев А.П. и др. Селекция и репродукция лесных древесных пород: учебник для вузов. М.: Логос, 2002. – 382 с.

Царев А.П., Погиба С.П., Лаур Н.В. Генетика лесных древесных растений. М.: МГУЛ, 2010. – 385 с.

Чернов Н.Н. Биотектоника – методологическая основа изучения форм в живой природе. Екатеринбург: УГЛТУ, 2013. – 137 с.

Чернов Н.Н., Соловьев В.М., Нагимов З.Я. Методические основы лесокультурных исследований. Екатеринбург: УГЛУ, 2012. – 421 с.

Чудный А.В. О размещении деревьев в популяциях сосны обыкновенной //Лесоведение, 1976. № 5. С. 63-68

Чупров Н.П. К проблеме усыхания ельников в лесах Европейского севера России // Лесное хоз-во. 2008. №1. С. 24-26

Швиденко А.З., Щепащенко Д. Г., Нильсон С., Булуй Ю. И. Система моделей роста и динамики продуктивности лесов России // Лесное хозяйство. 2003. № 6. С. 34-38.

Швиденко А.З., Щепащенко Д. Г., Нильсон С., Бугуй Ю. И. Таблицы и модели хода роста и продуктивности насаждений основных лесообразующих пород Северной Евразии (нормативно-справочные материалы). Издание второе. Международный институт прикладного системного анализа. М.: Рослесхоз, 2008. – 886 с.

Шеверножук Р.Г. Ранняя диагностика в лесной селекции. Воронеж, 1980. – 52 с. Рукопись деп. ЦБНТИлесхоз 8.12.1980 г. № 60 лд.

Шутяев А.М. Методика выделения и изучения сортов-популяций древесных видов на экологической основе. Воронеж: ЦНИИЛГиС, 1992. – 19 с.

Эйтинген Г.Р. Рубки ухода за лесом в новом освещении. М., 1934. – 224 с.

Юодвалькис А.И. Лесоводственно-биологические основы и целевые программы рубок ухода в промышленно-эксплуатационных лесах Южной Прибалтики: Автореф. дис. ... д-ра с.-х. наук. Красноярск, 1981. – 39 с.

Ямалеев О.А., Николаева М.А., Ходачек А.С. 30-летний опыт изучения географической изменчивости ели в Ленинградской области // Труды С-Пб НИИЛХ. Вып. 3(26). С-Пб., 2011. С. 80-96.